生活因阅读而精彩

生活因阅读而精彩

葛清风◎著

人生有赢法，成功有道理

中国华侨出版社

图书在版编目(CIP)数据

人生有赢法,成功有道理 / 葛清风著.—北京:
中国华侨出版社,2013.8

ISBN 978-7-5113-3991-1

Ⅰ.①人… Ⅱ.①葛… Ⅲ.①成功心理-通俗读物

Ⅳ.①B848.4-49

中国版本图书馆 CIP 数据核字(2013)第201501号

人生有赢法,成功有道理

著　　者 / 葛清风

责任编辑 / 宋　玉

责任校对 / 孙　丽

经　　销 / 新华书店

开　　本 / 787 毫米×1092 毫米　1/16　印张/18　字数/294 千字

印　　刷 / 北京建泰印刷有限公司

版　　次 / 2013 年 10 月第 1 版　2013 年 10 月第 1 次印刷

书　　号 / ISBN 978-7-5113-3991-1

定　　价 / 33.80 元

中国华侨出版社　北京市朝阳区静安里 26 号通成达大厦 3 层　邮编:100028

法律顾问:陈鹰律师事务所

编辑部:(010)64443056　　64443979

发行部:(010)64443051　　传真:(010)64439708

网址:www.oveaschin.com

E-mail:oveaschin@sina.com

前 言

现今社会，仅仅事业的成功已不足以令人感到多么骄傲，财富的积累已不能说明强者的真正含义。真正的智者更注重自己的综合实力，更注重自己个人魅力的提升，修养身心作为一种内在实力已被越来越多的人纳入自己的成功计划。

诚然，"人过留名，雁过留声"，人生一世，有谁不愿让自己的生命活得更精彩、更具魅力，生命之花绽放得更娇艳、更持久呢？

人生有赢法，成功有道理。没有人能随随便便成功，能够走到最后的都是真正的强者。做强者，就要由内而外的修炼个人魅力。

一个人的魅力源自外表和内在气质。外表的美只是短暂而肤浅的，一个人真正的魅力来自内在的修养。无论你有没有留意和察觉，你的言谈举止，甚至是一举手一投足，都是你内在修养的体现，都是你对为人处世哲学的诠释。

在收获成功之前，必须付出多于常人的辛苦和努力。你必须坚强不屈，坚韧不拔，能够坦然面对生活的困难，在困境里不停止自己前进脚步；你必须从容淡定，宁静致远，无论人生有几多迷茫，都能冷静而理智地思考，进而找准自己的人生舞台，从容进退；你必须中正坦荡，坚守个我，能够抵制住外界的诱惑，不贪小利而失大节，内心坦荡明朗，守礼守节；你必须站立为山，俯身为草，既能顶天立地担当重任，又能俯身为花为草融入市井。

而这，也正是一个强者的成长过程。

无论你现在地位是高是低，事业是否成功，家庭是否幸福，只要你能够遵循这些人生的方法和道理，你就会比常人拥有更多的机会走向成功。

人生有赢法，成功有道理，通过学习修炼，不断提高自己的内在品质，外在魅力，本书也是帮助修炼者达到目的的最好途径。

本书从胸襟、品格、修养、学问、家庭、情感、待人、处世、立世、名利、话语、行动等 12 个方面全方位诠释了无敌人生的修炼方式，本书思想深刻现实、语言生动流畅、案例新颖有趣，是你修心养性和为人处世的最佳指南读本。

目 录

第三章　修养，以内敛为贵

第四章　学问，以通达为贵

第七章　待人，以谦和为贵

第十章　名利，以淡泊为贵

第十一章　话语，以简洁为贵

第十二章 行动，以稳健为贵

第一章

胸襟，以豁达为贵

比海洋宽广的是天空，比天空还宽广的是人的胸怀。我们拥有了豁达的胸襟，便拥有了超脱的心灵，我们的精神便获得了真正的解放。人这一生，不只经历顺利、幸福的日子，还遇到挫折、困难。这些时候，需要我们以宽广的胸襟淡然处之，以豁达的心态轻松待之。

宽容他人，受益的是自己

原谅他人，意味着我们用博大的、宽厚的爱滋养了自己的心灵。

有人问上帝："上帝啊，我的好兄弟已经伤害我 10 次了，请问我还能宽恕他多少次呀？"上帝回答道："你还要宽恕他无数次。"

宽恕，看起来，是对他人的包容、忍耐和迁就，但与此同时，我们自己的内心也会因此而豁达、安宁和平静。换句话说，一个人只有懂得宽恕别人，才能真正享受到平静的内心状态，才是对自己真正的善待，也才能找到真正的快乐。

玛丽是一个可怜的女人，不到 30 岁的时候，丈夫不幸去世，留下了幼小的儿子。她独自一人将儿子抚养长大。但是，上帝对她似乎没有一点怜悯之情，在她的儿子 17 岁的时候，被一群街头小混混活活打死。这样的丧子之痛让玛丽的眼泪都哭干了，每当她在街头看见那些小混混时，就恨不得把他们都杀死。

就这样，玛丽痛苦地生活了几年。后来，玛丽参加了一个"生命重生"的公益活动，遇到了一位年迈的牧师。当牧师听完玛丽的遭遇之后，平静地对她说道："你的痛苦我全部可以理解，但是你知道吗？你的怨恨根本改变不了什么。其实，这些街头小混混也都只是孩子而已，因为没有父母的关爱，他们才会误入歧途。而社会上的人们总是用异样的眼光看待他们，所以他们根本不会懂得怎样爱别人。或许，你应该试着去爱他们。"

玛丽听后愤愤地反问牧师："爱他们？怎么可能？他们害死了我唯一的孩子！"

"那已经是很久以前的事了，你试着放下这些怨恨，假如你愿意以一颗宽容的心去接触他们，他们都会成为你的孩子的。"牧师开导道。

后来，在牧师的一再劝解下，玛丽加入了"生命重生"的组织，她每个月会抽出几天时间去青少年犯罪中心，试着去接触那些曾经犯过错误的孩子们。

一开始，玛丽无法摆脱丧子的阴影，但是随着日子的流逝，她渐渐改变了自己的看法，她发现，这些所谓的街头混混并没有那么坏，他们只是希望引起别人的注意，渴望得到关爱。

在接下来的日子里，玛丽像组织里的其他成员一样，认领了其中两个孩子，她经常带着美味的食物去看望他们，并和他们进行交流。等到那两个孩子刑满出狱以后，她又认领了其他孩子。直到现在，她先后认领了20多个孩子，在玛丽的关爱下，那些孩子把玛丽当作自己的母亲。即使是在刑满出狱后，他们也没有停止和玛丽联系，就像是她的亲生子女一样，陪她聊天，帮她做家务，给她买各种各样的礼物。

如今，玛丽已经年近古稀了，当别人问她的孩子时，她总是笑着回答："我有很多孩子，每一个都很孝顺。"当初的玛丽怎么都不会想到，失去了丈夫和儿子的她，在晚年还能享受这样的天伦之乐。

没有什么事情是无法原谅的，而原谅他人也意味着用博大的、宽厚的爱滋养了我们自己的心灵。虽说宽容难以做到，但是只要我们能试着迈出第一步，就像事例中的玛丽一样，那么终有一天，我们心中的痛会慢慢地放下，我们会真的做到由内而外地宽容对方。

在《菜根谭》中有这样一句话："径路窄处，留一步与人行；滋味浓时，减三分让人尝。此是涉世的极乐法。"这句话通俗地说就是：在道路狭窄之处，应该停下来让别人先行一步。在享受甘美的滋味时，要分一些给别人品尝。只要心中常有这种想法，那么人生就会快乐安详。

既然如此，那么当我们心里遭遇某些过不去的坎儿的时候，不妨退一步，给对方腾出空间。就像我们常说的，与人方便，与己方便。当我们这样做的时候，不但会减少彼此之间的误会，而且自己也会获得心灵上的慰藉。何乐而不为呢？

相传古代有位老禅师，有一天晚上，他在禅院里散步，突然发现在墙角边有一张椅子。禅师一看就知道有出家人违规越墙出去溜达了。

对此，老禅师并不慌张，而是悄悄地走到墙边，将椅子挪开，然后自己蹲到了放椅子的位置。过了一会儿，果然有一小和尚翻墙，小和尚还以为之前放的椅子待在原地呢，他也没看清就踩着老禅师的脊背跳进了院子。可是，当他双脚着地的时候，才发觉刚才踩的不是椅子，而是老禅师。

顿时，小和尚惊慌失措，不知道该说什么好。但出乎他的意料，老禅师一句话都没有责备，而是平静地说："天凉了，夜里要多穿一件衣服。"

因为老禅师的宽容，这位翻墙的弟子经受了一次无声胜有声的教育。如果禅师没有这样做，而是当即揭发并批评小和尚，那么不但教化不了小和尚，反而会让自己也跟着堵心。

当然，正是因为老禅师的高深修为，所以他才没那样做，而是用豁达的心胸来对待这个小和尚，这样做的结果不言自明了吧！

纵然宽容他人并非一件容易的事，但我们要认识到，憎恨他人的结果往往比宽容他人要恶劣很多。这样下去，于人于己是没有什么好处的。

其实，给别人一点宽容，也给自己一些生命的空间。宽容他人，你是仁者；宽容自己，你是智者。所以，请试着去做一个胸怀比天空更加宽阔的人吧！到那时，你会发现你的生命里到处洒满了阳光，每一天都是晴朗的好天气。

容天下难容之事，人生路才会更顺畅

原味咖啡苦涩得难以下咽，但是只要加上奶和糖，就立刻变得香醇。

在大肚弥勒佛的寺庙里有这样一副对联："大肚能容，容天下难容之事；开口便笑，笑世间可笑之人。"一个人若是可以容下天下所有难容之事，从佛家的意义上来说，他的思想就达到"禅"的最高境界了。

古人有云："君子坦荡荡，小人常戚戚。"也就是说，想要成就大业，就需要有包容万物的胸襟。若是事事计较，没有一点容人的度量，不仅难以取得成功，人生的道路也会越走越窄。

一家中国企业和一家法国企业要合作开发一个项目，并最终获得了圆满成功。

为了庆祝项目成功，特地举办了一场庆功会，双方企业的领导人都参加了庆功会。在庆功会上，一名法国翻译译错了中国企业领导人讲的话，一位中国企业的与会人员立即做出了纠正。

这样的失误和意外，让法国企业的负责人觉得非常没面子，于是当即表示辞退这名翻译人员。顿时，宴会的气氛变得紧张起来。

这时，中国企业的领导人温和地说："要把中文翻译好是很不容易的，错误也可能是出在我这里。"为了缓和气氛，中国企业的领导人慢慢重复了那段翻译错误的话，让翻译重新正确地翻译出来。

后来，中国企业的领导人还特意和那名翻译单独干杯，以化解他的尴尬之情。

当法国企业的负责人看到这一幕时，眼睛里含着泪花，那名翻译也被感动地握着酒杯久久没有放下……

正所谓"君子有容，其德乃大"，中国企业领导人用宽容的态度为尴尬的气氛圆了场，不但让大家看到了他的风度，也让其因为得到这样的宽容而心存感激。这样的做法，是值得每个人学习的。要知道，当今社会，需要的就是这种度量，这样的包容。因为我们时常要面临一些具有争议性的问题，或者面对别人的错误，这时候能否具备宽容的度量将变得尤为重要。

一位中年男人愁眉不展地去找神父，他对神父诉说自己的遭遇："我与我的前妻相恋两年，然后我们顺理成章地步入了婚姻的殿堂。但是，结婚以后，我发现我的前妻有太多缺点了：爱唠叨、懒惰、花钱大手大脚，从不算计，而且从来不进厨房。我从来没有吃过一顿她做的饭，我感受不到一点家庭的温暖。于是，我思考再三，对前妻提出了离婚，我终于如愿以偿地离了婚。

"我发誓，这次我一定要找一个勤俭节约、爱干净的女孩结婚。很快我就找到了这样的女孩，她不仅勤俭节约，还会做得一手好菜，我为自己找到这样的妻子感到幸运。我迫不及待地向她求婚，也许是上帝真的很眷顾我，她竟然答应了我的求婚。我以为我的幸福生活就要到来了。

"但并不是如我所料那样，结婚以后，我的妻子把房间打扫得一尘不染，每次进屋之前都要换鞋，无论多累，每晚上床之前必须洗澡。因为我的妻子太节约了，我的钱包总是被她盯得死死的，经常让我囊中羞涩。不止是这样，每天吃饭都是青菜，偶尔我想出去吃饭，她总是回答出去吃多浪费，在家吃不是挺好的嘛。

"我简直要崩溃了，我又想离婚，但是我已经中年了，我不知道我离婚以后再找一个什么样的人陪我度过余生。"

神父听完他的诉说之后，对他说："每个人都有缺点，两个生活习惯大不相同的人生活在一起，就像两只长满刺的刺猬，一不小心就会扎到对方，如果想要幸福地生活在一起，就要学会包容。"

　　说着，神父递给他一杯咖啡，然后继续说道："原味咖啡苦涩得难以下咽，但是只要加上奶和糖，就立刻变得香醇。两个人相处也同样如此，需要在其中加上爱和包容，才能获得长久的幸福。"

　　中年男人听后，若有所思地说："如果这杯咖啡在我没离婚之前给我就好了。"

　　生活中，经常会听到这样或那样的抱怨：孩子抱怨父母不理解他们；妻子抱怨丈夫挣钱少；朋友抱怨太不够义气，等等，但是我们在抱怨这些的同时，有没有想过自己是否做到包容他人的缺点或是过错呢？

　　学会包容别人是一种美德。人生在世，需要处理各种各样错综复杂的关系，若是学会宽厚待人，不仅会给别人带来温暖，自己也会活得快乐。生活中我们做一个大度量的人，会为你带来更多的朋友；工作中做一个大度量的人，会让你的人际关系如鱼得水；爱情中做一个大度量的人，会让你收获幸福。在人生的道路上，做一个大度量的人，会让你的人生路走得更宽、更广、更顺畅！

冷静应对，事事皆可一笑而过

我们应该努力让自己成为一个理智、冷静的人，尽量不去触碰具有高度破坏力的冲动情绪。

在四书之一的《大学》中有这样一句话："静而后能安，安而后能虑，虑而后能得。"这句话旨在告诉人们，在冷静的状态下，人的心才会平静，平静的时候才可以思虑周全，然后才能有所得。

可是，很多时候，我们面对一些突如其来的问题，往往会情绪激动，说话口不择言，做事激进冲动。这样一来，结果自然好不到哪里去。不是有人说过这样的话吗：在情绪激动的时候不要做任何决定，甚至连话都不要说。

我们都知道，要做出正确的决定是需要智慧的，而人在情绪冲动的时候智慧会"出走"，自然就难以做出正确的决定。

相反，如果我们凡事能冷静相对，那么智慧就会为我们开启通往正确路途的大门，让我们顺着正确的道路前进。如此，才会得到我们想要的结果。

孙强是一位刚刚毕业的大学生，这天，他到某公司应聘，应聘的职位是产品营销。面试以后，公司对他的各个方面都很满意，告诉他试用期是3个月，3个月以后正式聘用他。

于是，在这3个月中，孙强起早贪黑地工作，而且颇有业绩。3个月过后，公司没有任何动静，孙强非常恼怒公司的做法而愤然提出辞职。当时他火冒三丈，说了很多偏激的抱怨话，而公司的经理请他再好好考虑一下。孙强毫不犹豫地拒绝了。最终，对方也动了气，并清楚地告诉孙强，公司不但已经决定正式聘用他，而且正在考虑是否给他一个营销部副主任的职位。但是经他这么一闹，公司无论如何也不会再聘用他了。

一位名人说过这样一句话："我们在盛怒之下打出的每一拳，最终必定会落在我们自己身上。"

冲动是魔鬼，在孙强意识到这句话的含义时，一切都为时已晚。在突发情况下的愤怒，往往会让事情变得更加糟糕。在现今这样一个高速发展的物质世界中，如果我们不能做到冷静处世，即使成功到了面前，也会在冲动中与失败相遇。

张天一今年刚刚20岁，由于他的家庭贫困，不得不辍学出来工作。但他有一个成绩优异的弟弟，不上大学实在可惜，于是他来到工地挖隧道。挖隧道这样的工作虽然挣钱多，但是非常危险，没有几个人愿意做。

不料张天一在第一次挖隧道时就遭遇了岩石塌方。当时局面非常混乱，所有人都近乎绝望，有人开始放声大哭，有人想往岩石上撞。张天一也有点控制不住自己，刹那间他想了很多，首先想到了死——但若自己死了，弟弟也会辍学，父母会悲痛欲绝。于是他强迫自己镇静起来，试着控制局面。

他努力使自己的声音听起来沉稳："我是新来的工程师，想活着出去吗？想活着就听我的！"

黑暗中，几个人渐渐安静下来。张天一接着说："所有人听我指挥，现在外面肯定在组织救援，但是需要时间。我们需要做的就是好好休息，不要试图去搬那千斤重的大石头，那样只会白白消耗体力，记住，隧道里有水，有水我们至少可以活十几天。"

不过，他还是隐瞒了两件事：一件是他在进隧道时带了两张饼，现在已经是无价之宝，另一件是他有一个电子表，可以掌握时间。

第三天过去了，隧道里还是没有一丝光亮，他把其中一张饼分成几份给大家吃。第五天过去了，隧道里依然是一片黑暗。终于，在第六天傍晚的时候，隐约听到隧道外传来钻机风镐的声音。他赶紧把剩下的一张饼分给大家吃，然后让大家拿起手中的工具用力地敲击巨石。

这些劫后余生的人躺在病床上，怎么都不敢相信，那位沉稳威严的"工程师"竟然只是一个年仅20岁的小伙子。当记者采访张天一时，他只说了我们耳熟能详的一句话："因为冷静。在紧要关头，只有冷静救得了你。"

看完这个故事以后，你是否发现了冷静的重要性？我们一定要铭记，危急关头，只有冷静才可以救得了自己。

不过事实上，的确没有几个人可以做到"泰山崩于前而面不改色"。但是，我们却可以从生活中一点一滴的小事慢慢做起。冷静一点，豁达一点，自己的心情也会变得舒畅。人的一生必然会经历世间百态，在低谷的时候，安之若素、冷静面对，事事皆可一笑而过。

其实，生活中遇到的烦恼、挫折或者来自他人的批评，都是一生中必然要经历的考验，只有冷静为之，才能给他人留下一个美好的印象，迎来人生中新的希望和成功。《岳阳楼记》里有这样一句话，"不以物喜，不以己悲"，这句话是在告诉人们，对待生活中的成败、福祸，要以豁达、冷静的态度去面对；淡然地看待人生中的喜怒哀乐，让人生这道独特的风景线无限闪亮。

看得开，想得开，烦恼会走开

看到生活中光明的一面，即使在漆黑的夜晚，也知道星星在闪烁。

塞缪尔·斯迈尔斯曾说过："如果我们心情豁达、乐观，我们就能看到生活中光明的一面，即使在漆黑的夜晚，我们也知道星星在闪烁。"

不可否认，生活并非会一帆风顺地进行下去，它会给我们出各种难题来"刁难"我们。每一个人都免不了要遭遇这样那样的磨难或痛苦。当这些"难题"直面而来的时候，我们是否已经准备好迎接它了呢？

面对这些不尽如人意的境况，如果一味地纠缠于无休止的烦恼或者绝望中，那么只会让痛苦加深。既然如此，何不跳出悲伤的围城，与家人谈谈心，和朋友叙叙旧。正如"忍一时风平浪静，退一步海阔天空"所阐释的道理一样，凡事尽量往"开"了想，自然也就没有那么多烦恼了。

看不开，心情这片天空就阴霾重重；看得开，则拨云见日，惊见春光万里。事实上，人世间有许许多多的烦恼都是人自己制造的，我们无法改变现状，但是可以改变自己的心态，不要去钻牛角尖，因为那只会让自己更加烦恼。谁都无法预料明天会发生什么事，谁都不想遇上倒霉和不幸的事情，但这些是无可避免的，既然遇到了，就应该以一颗乐观、豁达的平常心对待。这样，我们的生活才会更加美好。因此，要学会改变自己的心态，凡事淡然处之，看开就好。

王某和李某乘坐游轮出门旅游，途中游轮失事，两人流落到一个荒无人烟的小岛上。

王某一上岸就愁眉苦脸，担心岛上没有能吃的东西，晚上没有睡觉的地方，而李某则不同，他一上岸就异常兴奋，开始为人生中有了这样惊险的经历而欢呼。

两人在荒岛上找到一个山洞，李某为今晚可以睡一个好觉而庆幸，而王某则担心山洞里有野兽。晚上，李某安然入睡，王某却辗转难眠，翻来覆去怎么都睡不着，担心明天如何度过。

也许是上帝怜悯他们，他们竟然在荒岛上找到了一袋粮食，李某欢呼雀跃，王某却担心没有火，怎么把饭煮熟，煮出来的饭能不能吃。

荒岛四面临海，找不到淡水喝，只能喝咸咸的海水，王某觉得难以下咽，拒绝喝海水，李某却甘之如饴，认为偶尔换换口味也不错。

每吃过一顿饭，王某就担心粮食没了怎么办，而李某总是满足地说："又过了一天。"终于，粮食吃光了，但是，似乎上帝并不想让他们就此死去，他们又在岛上发现了野果，李某开心地说："真幸运，还有野果可以吃。"王某却哭丧着脸说："上帝简直不让我活了，竟然给我这难以下咽的野果吃。"

最终，野果也被他们吃完了，为了保持体力，只好在山洞里休息。李某兴奋地说："终于可以睡个好觉了。"王某则绝望地说："看来我已经离死亡不远了。"就这样，在两人都以为自己必死无疑的时候，一艘游轮经过了岛上，两人得救了，但遗憾的是，由于王某终日心情抑郁，加上许久未进食，不幸去世了。

当游轮上的人问李某是否害怕时，李某回答说："其实我很怕，但是事情已经变成这个样子了，我害怕又有什么用呢，既然无力改变事实，那么，不如乐观地接受，开心也是一天，不开心也是一天。"

就像李某一样，无论在什么情况下，既然无力改变，那么快乐也是一天，不快乐也是一天，何不让自己开心快乐地度过呢？

生活是一个"双面人"，关键在于你怎么看。有些人之所以能看到"柳暗花明"，不是因为所谓的运气好，只是因为他们的心境一直都保持豁然开朗。既然把凡事都看"开"了，那么生活的僵局也就自然而然地向他展示真面目了。

人生短短几十年，来也匆匆，去也匆匆。那么，现在就试着把每件事都看开吧，等到老的时候，或许你会发现，你的一生都是在快乐中度过的。正如古代的一位隐士所说："生而为人即是一种快乐，快乐是人生的主题。只要你用心去体会，用豁达的胸怀去面对人生，以饱满的热情去面对生活，就能快乐度过每一天。"

学会原谅，才会获得喜爱和尊重

当你退了一步之后，就会看到一种出乎意料的美丽和一个意想不到的奇迹。

我们都渴望赢得他人的喜爱和尊重。在那样的环境里，我们才会觉得一切如行云流水，顺心顺意。

可是，如果我们喜欢挑剔苛责、吹毛求疵，对别人的错误不肯原谅，一直耿耿于怀，那么长此下去，别人就离我们越来越远，更别提喜爱和尊重了。相反，如果我们能够以宽恕之心待之，面对别人的过错、过失，能够秉持原谅之心，那么对方会因为我们的大度而忏悔自己的心灵，也会因为我们的原谅而更加尊重和喜爱我们。如此，我们便能够赢得更多的友谊，也才能让自己的人生路越走越宽阔。

有一对好朋友，他们在打了几年工之后，积累了一些经验和资本，开始自己创业。朋友甲由于出资多，朋友多，经验也更为丰富，所以头把交椅非他莫属。朋友乙对于技术和市场把握精准，虽然没有朋友甲那么多的资本，但是也是不可或缺、不可多得的人才。

在他们俩的密切合作下，公司的发展蒸蒸日上，仅仅两年的时间，就实现年净利润 50 万元。这在一个三线城市可算得上是很不错的收入了。

年底分红的时候，按照股份比例，甲的所得高出乙不少。看着甲比自己高出六位数的红利，乙有些不平衡了。因此，他开始图谋着找寻合适的机会捞钱。

有一次，机会终于来了。他趁甲不注意，私自在他的电脑上做了手脚，盗取了其中很重要的信息资料，并转手卖给了一家同行业的对手公司。乙从中得到了 5 万元的回报，而最终却致使公司损失几十万元。他这种做法已经构成了盗取商业机密罪。

当甲察觉到这件事之后，心中的怒气无限膨胀，他一气之下，打算把乙送进牢房。但是这件事却被他的妻子阻止了。妻子知道此事之后，虽然也非常气愤，但还是平静地劝说甲要宽宏大量，何况乙是难得的工程师，对公司的生意很有帮助。

经过一番深思之后，甲觉得妻子的话有道理，可是一想到这件事，甲就仿佛看到一个老鼠偷偷地盗走自己的东西，或者一个劫匪抢劫了自己的钱财。就这样，在无数次拿起电话又放下电话之后，甲始终没有拨出乙的手机号码。

将近两个月之久，甲总是处于这种矛盾之中，他一会儿觉得应该原谅乙，毕竟在创业初期他和自己一起走了过来，而且他为公司作出了很大的贡献；可他一会儿又觉得，难道自己一定要原谅这个给自己带来如此伤害的人吗？当然不能原谅。

直到甲遇到一位心理医生，才算把心中的结打开。心理医生告诉他："你形成了一种心理障碍，这种障碍不仅会妨碍你与乙的关系，也会妨碍你与他人的交往，你必须积极地清除它。"

听了心理医生的话，甲终于鼓起勇气，给乙打了一个电话，告诉乙明天可以到办公室见他。第二天，乙如约前往，他们俩谈得很顺利。甲表明了自己的态度：原谅乙的不良行为，并决定让他继续在公司工作。他对乙说："我相信从今往后，你不会再辜负我的。"

乙甚为感动，他再次进入公司后，对甲及公司的发展尽心尽责，使生意越来越好，而他和甲之间的友谊也越来越牢固，两人成了真正的"战友"。

在遭遇本以为很值得信任的朋友的背叛之后，甲的痛苦可想而知。按照常理来说，即使他真的把乙送进牢房也无不可。但是，在妻子的及时劝导及心理医生的帮助下，他对乙伸出了原谅之手。这样的举动，不能不说是一种高深的内心修为，是一种博大的胸襟，更是赢得他人尊重和喜爱的重要"法宝"。

所以，当我们遭遇别人的伤害时，虽然内心会备感痛苦，但是要想减轻这种痛苦，并不是采取以牙还牙的方式就能解决的，而是需要我们有宽恕之心，从心底里真正原谅对方。

饶人等于开条路，伤人等于筑堵墙

人心，不是靠武力征服的，而是靠爱和宽容征服的。

我们常听到这样一句话，得饶人处且饶人。这里所说的饶人，并不代表懦弱，而是一种不与人争、不为自己树敌的智慧和宽容。正所谓：多个朋友多条路，多个冤家多堵墙。

所以，我们要尽量以豁达的胸襟对待周围的人们，这样，不光让对方好过，而且我们自己眼中的世界也永远是阳光明媚、积极向上的。

我们来看一个动物界的寓言故事。

一次，一头大象在森林里漫步，由于没注意，大象不小心踏坏了老鼠的家。大象很诚恳地向老鼠道歉，可是老鼠却不肯原谅，并且对此耿耿于怀。

此后的一天，老鼠见大象躺在地上睡觉，心中暗想："报复大象的机会来了，我要趁它睡觉的时候咬它一口。"

老鼠狠了狠心，张开嘴巴就去咬大象。但是大象的皮特别厚，老鼠根本咬不动。这时，老鼠围着大象转了几圈，发现大象的鼻子是个进攻点。

就这样，老鼠又钻进了大象的鼻子里，狠劲地咬了一口大象的鼻腔黏膜。

大象被惊醒了，它感到鼻子里有一阵刺激，就猛然打了个喷嚏。没承想，大象的喷嚏力量太大，把老鼠射出好远，老鼠被摔得嗷嗷直叫。

经受了这次教训，老鼠开始对前来探望它的同类们说："你们一定要记住我的惨痛教训，不要睚眦必报，而应该得饶人处且饶人！"

小肚鸡肠的老鼠终于受到了教训。这虽然是一个寓言故事，但却告诉了我们实实在在的为人处世的道理。在我们的生活中，像老鼠这样的人也并不罕见，他们总是无理争三分，得理不让人，小肚鸡肠，直到自己因此而吃了亏方才醒悟。

其实我们要明白，退让和宽容并不会让我们失去尊严。相反，它恰恰是一种心胸豁达、成熟理智的表现。一时的退让不但能够避免矛盾加深，而且还可以换来别人的尊重和感激。如果说敌意和仇恨就像一面不断增长的墙，那么宽容和退让则像一条不断加宽的道路。我们要学会宽容别人，善待恩怨，学会尊重自己不喜欢的人。因为宽容别人就是在宽容我们自己，在宽容别人的同时，也为自己营造一个安宁的心境。

荷兰哲学家斯宾诺莎曾说过："人心，不是靠武力征服的，而是靠爱和宽容征服的。"人非圣贤，孰能无过，得饶人处且饶人。宽恕别人，不仅是给对方一个"赎罪"的机会，更是给自己留一条生存的后路，并为自己创造了一个赢得世界的机会。

对于有着宽广胸怀的人来说，即使别人的所作所为多么让他们生厌，他们也会去包容这些人的行为。让敌人不再是敌人，甚至变成朋友。

有这样一个经典的故事，我们不妨来分享一下。

欧玛尔，英国历史上唯一留名至今的剑手，他有独属于自己的取胜秘诀。

曾经，有个与欧玛尔势均力敌的敌手，他与欧玛尔斗了 30 年，仍然不分胜负。在一次决斗中，那位敌手从马上摔了下来，欧玛尔持剑跳到他身上，一秒钟内就可以杀死他。但此时，对手却做了一件出人意料的事——向欧玛尔的脸上吐了一口唾沫。

欧玛尔停住了，对敌手说："我们明天再打！"

敌手有点糊涂。

欧玛尔说："30 年来我一直在修炼自己，让自己不带一点儿怒气作战，所以我才能常胜不败。刚才你吐我的瞬间我动了怒气，如果此时我杀死你，我就再也找不到胜利的感觉了，所以，我们只能明天重新开始。"

不过，这场争斗永远也不会开始了，因为那个敌手已经拜欧玛尔为师。

敌手之所以能够与欧玛尔握手言和，正是因为欧玛尔面对他无理的举动，并没有气愤地和他针锋相对，也没有利用自己的优势置其于死地，而是平心静气地宽容了他。正是由于这样的气概，才让对方被欧玛尔所折服。

人们常说："用争夺的方法，你永远得不到满足；但用让步的办法，你将可以获得比预期中更多的东西。"两人相斗，你若由他，或许是为往后留得了一条康庄大道；但若睚眦必争，不依不饶，便是在无形中为自己筑起了一道墙。这又是何必呢？

所以，我们不妨宽容地对待我们的敌人、仇家、对手，在非原则的问题上，以大局为重。要知道，在这个世界里，我们并非踽踽单行，面对生活和工作中的纷纷扰扰，难免有碰撞，即使心地最和善的人也难免要伤别人的心。面对这些矛盾与纷争，如果冤冤相报，非但抚平不了心中的创伤，反而只能将伤害者捆绑在无休止的争吵战车上。所以，为了能够拥有一个和谐的生存环境，能让自己的内心更加开阔、豁达，我们就要做到宽厚豁达，得饶人处且饶人。

大智若愚，才能所向披靡

真正的智慧不是显现在外的，愚钝的外表下有可能藏着非同一般的心。

我们中国人讲究深藏不露。看看电视电影里那些武林高手，虽然身怀绝世武功，但不到关键时刻，往往是不显山不露水，让外人看不出来。即使现代社会，有一些才高八斗学富五车或者坐拥大量财富者，也都喜欢低调行事，低调做人，不会随意显摆自己如何聪明、如何不凡。

这些人的做法正是含蓄、内敛、大智若愚的智慧之为。其实，只有那些恃才傲物、情商较低的人，才会故意凸显自己的锋芒，不懂得掩藏自己的聪明才智。对这些人来说，大智若愚的做法是很难理解的，他们会认为，既然人人都希望自己有好的表现，那么干吗还隐藏而不表现自己的智慧呢？

这些人不知道，智慧如果过于外露，虽然较容易让别人看到自己的聪明才智，但却是称不上高级智慧的，否则就没有古话所说的"聪明反被聪明误"了。

清代咸丰时期，户部尚书肃顺是一位有勇有谋之人，十分受倚重，可谓朝中第一人。

因为逐渐大权在握，肃顺变得越来越狂妄自大，目中无人，而且还排挤任何一个可能威胁到他权力的人。然而此时，身居后宫的皇太后慈禧却在政治活动中崭露头角。对此，肃顺自然忍无可忍。他绝不允许有人同他一样可以影响咸丰帝的决策，更不能容忍一个"无知"的女人走出后宫指手画脚。

肃顺的行为早就引起了慈禧的注意，这个年仅27岁的女子对他可是心知肚明。她知道，肃顺绝非等闲之辈，而自己要想打败这个强劲的对手，就必须要更强大、更狡猾。

可是，从17岁就入宫的慈禧，十年来深居后宫，没有根基、没有势力，也没有能力同肃顺一争高低。她能够借助的，只有咸丰帝。

荒淫无度的咸丰帝来到承德避暑山庄后，肺病日益严重。于是，他开始思索未来权力的安排，他开始担心自己死后，慈禧会擅政。对慈禧而言，此时的避暑山庄简直是危机四伏。一方面，唯恐自己成为第二个钩弋夫人，惨遭"杀母保子"的下场；另一方面，死敌肃顺控制着整个避暑山庄，虎视眈眈。慈禧暗自思忖：如何才能躲过这随时而来的杀身之祸呢？她心里很清楚，与肃顺明目张胆地斗，只能是以卵击石。她决定采取退后回避的策略，不与肃顺争一日之长短。面对肃顺的各种刁难、挑衅，慈禧一再忍耐。为免打草惊蛇，她更佯装不知肃顺鼓动咸丰帝杀她的阴谋。

在回避肃顺锋芒和逼迫的同时，慈禧常常以一副无依无靠的无助形象出现在众人面前，向所有人传达这样一个信号：我没有野心，我很弱小，我只是一个母亲。以此，慈禧博得了众人对弱者的同情。

咸丰十一年七月十六日，咸丰帝驾崩，小皇帝即位。

新皇只有6岁，无法独立处理政务，作为母亲，又熟知一切朝政运作的慈禧便名正言顺地"挺身而出"。八大辅臣对慈禧虽心有芥蒂，但在情在理都不能公然对立。于是，在最后关头，慈禧躲过了"我为鱼肉"的悲惨命运，并跻身于皇权的核心。最终，称霸朝野。

虽说历史上对于慈禧颇有微词，作为一个野心勃勃的阴谋家，我们却不得不说在某种程度上她有一定的过人之处。通过上面这个故事，我们不难看出，慈禧巧妙地运用了大智若愚的计谋，不但躲过了杀身之祸，而且还独揽朝政，让自己成为了大权实握之人。

其实，"大智若愚"重点在这个"若"字，也就是并不是真正的愚，而是把真实的本领、才华、权力欲望等隐藏了起来，让外人看不到。这一处世原则实际上讲究的是以静制动、以柔克刚的原则。

在平时的社会生活中，如果我们能够做到大智若愚，那么就可以在不受干扰和戒备的条件下，暗中积极准备，做到事半功倍。

美国第九任总统威廉·亨利·哈里逊在小时候，就很善于利用大智若愚中所体现出来的智慧了。据说，当时在一个小镇上生活着的威廉非常文静，平时也不怎么说话。这让他周围的孩子们都误以为他是个智商太低的傻子。

那些调皮的孩子会经常故意捉弄威廉，比如，他们经常把一个5分硬币和一个1角的硬币丢到威廉面前，让他任意捡起一个。可是，每一次威廉都是捡那个5分的。这样，大家就更"相信"他是个傻子了，很长一段时间，那些孩子们都以这个"游戏"来捉弄威廉，以此取乐。

终于有一天，调皮的孩子中的一个突发好奇，问威廉为什么这么做，难道不觉得1角钱比5分钱还要多吗？

只见威廉嘴角略微上扬，说了句："我当然知道是1角的钱多，不过，如果我捡了那个1角的，恐怕他们就再也没有兴趣扔钱让我捡了。"

威廉用自己的"愚钝"换取了对于一个小孩子来说比较在意的利益。不能不说，小小年纪的威廉，已经懂得大智若愚的计谋和智慧了。

其实，对每个人来说，做人做事都是需要一定的方法和技巧的。我们只有掌握并运用这些方法和技巧，才更容易让自己游刃其间，争取获得最大的利益，实现自己的愿望。

少一些计较，往往会得到更多

如果凡事都要斤斤计较，虽然为自己争足了面子，实际上却失去了很多宝贵的东西。

有些人，崇尚机关算尽的处世原则，生怕自己吃一丁点亏，巴不得时时处处占便宜、捞好处。倘若因为客观因素或者自己没算计到而损失了一些利益，他们就会如坐针毡，心生不满。

可是，也有一些人，他们凡事不计较，崇尚该糊涂时就糊涂、"心中有数(树)，就不是荒山"的处世原则。而往往正是这些人，很容易和周围的人打成一片，受到人们的喜爱和尊重。除此而外，他们的利益也往往收获得更多。这是为何呢？我们先来看个故事吧！

程娜是一名记者，就职于某杂志社，她业务素质较高，深受领导好评和同事们的敬佩。在就职第三年的时候，由于采访部主任因家庭原因离开了杂志社，程娜就顺理成章地填了前主任留下的空缺。

但是，俗话说得好："人怕出名猪怕壮。"程娜的升职还是引来了个别人的忌妒。当每周四开选题会的时候，那几个人经常故意挑剔程娜所报的选题，不是说选题不新颖，就是说难以执行，总之就是想尽办法刁难程娜。

聪明的程娜当然知道这些人的用意，但是她从没有在表面上有任何表现，而是笑脸相对，坦然接受别人的意见，甚至每次还对那些对她所报的选题提出异议的同事表示感谢。对于程娜的表现，很出乎那几个同事的意料。他们不甘心，于是私下里讨论要去主编那里告程娜的状，指出她工作中的一些纰漏，争取让主编辞退她。

没有不透风的墙，这话终于传到了程娜的耳朵里。可是程娜却仍旧是微微一笑，对告诉她这件事的好心的同事说，这些小事没必要弄个青红皂白，做好自己就是了。

程娜秉持着不计较的态度，继续勤勤恳恳地在杂志社里工作着。由于她业务精湛，管理得当，使得杂志受到越来越多读者的欢迎，而广告商也越来越多了。

试想，如果程娜在听到那些恶意的攻击之语，没能冷静对待，而是锱铢必较、一心追究的话，那么她投入到工作中的精力就会被分散，自己的心境也会受到负面影响，那样岂不是正中那些恶意攻击她的人的下怀吗？可见，程娜是一个聪明智慧的女孩，而她的聪明和智慧正是通过不计较小事这一点而充分体现出来的。

应该说，一个人要想成为生活的强者，成为备受瞩目的人，一定要具备包容万千的内心，心胸狭窄的人是不会达到这种境界的，相应地，他们也很难成为真正的强者，成为别人爱戴的对象。

两百多年的一天，一位名叫富尔顿的美国发明家来到了法国的凡尔赛宫。当时，富尔顿刚刚发明了蒸汽机铁甲战船，他正在向当时法国的"老大"拿破仑建议用此设备来取代当时法国的木制舰船。

谁都知道，蒸汽机铁甲战船比木制战船要先进很多，其威力不可同日而语。拿破仑对此也心向往之。然而，就在事情马上敲定的时候，拿破仑的脸色骤然改变，眼睛里忽然放射出强烈的怒火，瞪视着富尔顿。

就这样，合作没戏了。富尔顿或许永远都不知道，这一次谈判的失败居然因为他并非有意为之地说了一句不该说的话，引起了拿破仑的愤怒。原来，他恭维拿破仑说："伟大的陛下，您将成为世界上真正高大的人！"其实，富尔顿是想恭维拿破仑，想表达拿破仑"高贵""崇高"，但他一不小心说成了"高大"，而拿破仑身材矮小，这句话正戳痛了他内心最自卑、最害怕别人嘲笑的地方。于是，拿破仑生气地说道："滚吧！先生！我不认为你是个骗子，但认为你是十足的蠢货！"

后来，英国购买了富尔顿的发明专利，从此英国凭借强大的海军确立了海上霸主地位，把法国甩在了后面。

若干年后，也就是20世纪30年代末，在爱因斯坦给美国总统罗斯福的一封信里，才再一次重提旧事："总统先生，如果1803年拿破仑接受了富尔顿关于建造蒸汽机军舰的建议，今天的世界格局将不会是这样！"

可以看出，拿破仑仅仅是因为富尔顿的无心之失，就将一项事关国家军事发展的发明拒之门外，失去了一个称霸世界的大好机会。换言之，因为他的心胸狭窄，而失去了属于他的一个时代。

俗话说得好："宰相肚里能撑船。"对于我们每个人来说，虽然没必要都努力做到"宰相"，但若想真的游刃有余于自己生活和工作的周围，想让自己过得开心、想获得更多的友谊和信任，那么我们就要具有这种"撑开船"的心胸。如果我们狭隘地看待问题，对待他人，那么到最后自己所接受到的也会是别人给自己的苦果。那样，我们还谈什么理想，谈什么交际，谈什么未来呢？

第二章

品格，以善良为贵

　　我们永远也不会知道，明天和意外哪一个会先到来。展现我们的良好品性，用善心对待他人，是大度、宽容等美德的一种延伸。

用真心去付出，人活着不能只为自己

凡事能为他人着想，不怕吃亏，就相当于用自己的爱心播种了一朵花的种子。

有的人崇尚机关算尽，凡事都以自己利益为重；有的人崇尚中庸之道，不付出，也不索取；还有的人会尽一己之力，用真心去付出，承担自己的责任，付出自己的善良。

这三种人，哪一种好哪一种坏我们姑且不去讨论。但根据古往今来诸多事例我们可以知道，机关算尽者可能反误了"卿卿性命"；不付出也不索取者成了孤家寡人，孤独终老；肯付出的人，则往往收获更多。

常言道："种瓜得瓜，种豆得豆。"如果我们多替他人着想，用真心去付出，那么就等于用自己的爱心播种了花朵的种子。等到春暖花开时节，我们不仅能够看到五彩斑斓的花朵，还能看到充满生机的美丽春天。这不正是之前的付出所换来的吗？

我们的生活就好比是一面镜子，我们怎样对待它，它就会怎样对待我们。如果我们都能多一些真心的付出，而不是只为了自己，那么我们就会赢得周围更多人的欢迎和尊重，我们也会因此而收获更多的友谊和回报。相反，如果我们总是吝于付出，那么也就难以从别人那里获得友好的对待。下面我们来看一个《圣经》中关于善良的小故事。

一位生前做过很多善事的基督徒，在他死后被上帝派到了天堂。可是，这个基督徒对于地狱的样子一直很好奇，就请求上帝带他去看一看地狱是什么模样。

上帝答应了他的请求，于是把他带到了地狱。基督徒来到地狱之后，被眼前的景象惊呆了。原来这里和自己生前所了解的地狱的样子完全不一样，因为这里到处是金银珠宝、山珍海味。他不由得感叹道："看来地狱的生活很不错啊，可是为什么生前做坏事的人能来到这么好的地方呢？"

上帝看出了他的疑惑，没有进行解释，而是带着他在地狱里逛了逛。此时，正值晚饭时间，地狱里的人们开饭了。只见一群如狼似虎的饿鬼争先恐后地坐到座位上，疯狂地抢桌子上的食物。每个人都拿着一把非常长的勺子，他们只能费力地把食物送到嘴边，可是由于勺子太长，不管怎样努力都无法把食物送到嘴里去。

上帝说道："这些人虽然守着这么多食物，却吃不到。我再带你看看天堂的样子吧！"基督徒愉快地答应了，于是跟着上帝来到天堂。天堂的样子和地狱没多大区别，只是有所不同的是，这里的人们不是把食物送到自己嘴里，而是给他人吃。如此一来，每个人就都可以吃到美味的食物了。

看过这两种截然不同的情景后，基督徒明白了，原来天堂的人们是真心为他人付出，而地狱里的人则是只顾着自己。

看完这个故事，不得不令我们深思：一个人如果只为了自己，那么最终可能会两手空空；相反，如果能够舍得付出，多为他人考虑，那么自己才能获得更多，才能创造和谐美好的生活。俗话说的"赠人玫瑰，手有余香"也正是这个道理。

无疑，当我们能够养成付出友好、善良的习惯，能够多考虑他人的感受，那么我们就能够赢得更多的友谊和快乐。与此同时，我们还会为自己拓展生存和发展的空间，并最终收获让自己满意的回馈。

有善心，才会有善举

善待他人是一种爱，这种爱不是一片宁静的土壤，而是一种征服的力量。

毋庸置疑，一个人的行为都是靠内心的思想意识所支配的，有什么样的思想，就会有什么样的行动。如果一个人没有起码的善心，那么在别人遭遇危难之时，他就不会拔刀相助，在别人受到欺负的时候，他就不会打抱不平。也就是说，一个人是否有着善良之心，将直接关系到他是否会有善举。而很多时候，一次有意或者无意的善举，说不定就能够改变一个人甚至很多人的命运呢！

从前，有个狠毒的国王，他的名字叫恶受。这个恶受不行善道，百般虐待百姓，还剥夺别人的财产。每当遇到远从各地来的商人，他都要将人家所带着的珍奇宝物掠夺干净。

这件事在民间广为流传，以至于国王的恶名远播。那时候，在树林中有一个鹦鹉王，听到过路的人在谈论国王的恶行，心里想道：我虽然是鸟，都知道这样做是不对的，何况是一国之王，做出这样的人被大家讥笑怒骂，岂不是连禽兽都不如？我应当去见国王，劝国王改恶行善。

于是，鹦鹉王飞到国王的花园，此国王正与夫人在园里游玩。鹦鹉王说道："国王暴虐无道，所有的子民和鸟兽，都愤怒难平。你们作为百姓的父母，怎么可以这样呢？"

鹦鹉王的话被王后听到了，她立马起了怒火，并派人捕捉它。很快，鹦鹉王被仆人捉到，送到了夫人手里，夫人又把它交给了国王。

国王问鹦鹉王："你为什么骂我？"鹦鹉王说："我说国王做事不对，是想帮助国王，并不是骂国王。"国王问："我做了什么不对的事？"鹦鹉王回答道："因为有七件事，会危害国王。"国王问："哪七件事？"鹦鹉王答道："一、沉迷女色，不听忠言；二、嗜好饮酒，不理国政；三、贪爱下棋，不敬贤者；四、打猎杀生，没有慈心；五、好出恶言，不说好话；六、异常加重赋税和罚金，违反常规；七、无故夺取人民的财产。这七件事，将会危害国王。另外还有三件事，会败坏国家：一是亲近谄媚邪恶的人；二是不接近忠臣良将；三好征伐他国，不体恤百姓。这三件事不除，国家早晚将有倾败的危难。"

鹦鹉王又说："国王应像桥梁一样，济度万民；应像天平那样，对待亲疏一律公平；应像宽敞的大道一样，不背离圣贤的脚步；应像太阳一样，普照世间；应像月亮一样，带给万物清凉；应像父母一样，关爱慈祥；应像天空一样，覆盖一切；应像大地一样，滋养万物。如果大王做到了这些，天下的人民自会归顺敬仰。"

听了如此至真至诚的话，恶受深感惭愧地说："我身为人王，所做无道，危害百姓伤及国家声誉，愿真心忏悔，遵从鹦鹉王的教导，修行正道。"从此之后，国王改邪归正，国内良善风气逐渐复苏，全国上下的老百姓都生起真诚崇敬之心，每个人都皆大欢喜。国王也因此洗刷了从前的恶名。

恶受能够改邪归正，实际上是听了鹦鹉王的忠言才从思想深处认识到了自己的恶行。如果他不能从心里认识到这一点，那么他的恶行将仍然继续下去，他的声名也会一直被人们唾骂下去，而他所统治的国家的百姓，也会越来越遭殃了。

所以说，一个人要想做出令人称道的事，就要有一颗真诚而善良的心。要知道，善良是一切美好德行的前提。一个没有善心的人，是不会有善良的举动的。即使一时半会儿有，也不过是装模作样罢了。所以，不管什么时候，我们都应该让自己保有一颗善良之心。只有这样，我们才能成为一个受人尊敬、令人爱戴的人。否则，就会成为一个令人憎恶、受人唾弃之人了。

在唐玄宗时期，有一位兵部尚书名叫李林甫，此人无德无才，却是溜须拍马的好手，在唐玄宗面前自有一套阿谀奉承的本领。与别人接触的时候，李林甫总是表现出一副与人为善、和蔼可亲的样子，嘴里也尽说一些动听的"善言"。

但实际上，他内心的想法和他所说的话、表面的态度都完全相反，他其实是一个非常阴险狡猾的人，经常处心积虑地害人。对于那些才能比自己强、声望比自己高、权势地位和自己相当的人，他总是在暗地里使坏，不择手段地排斥打击异己。

有一次，李林甫装作诚恳又稍有忧虑的样子对同僚李适之说："听说华山出产大量黄金，要是能够开采出来，就可以大大增加国家的财富啦。可惜皇上还不知道这个消息。"

李适之听后信以为真，于是急忙上奏玄宗，建议玄宗尽快下令开采，玄宗听后大悦，立刻找李林甫商议此事。然而李林甫却回道："陛下，这件事情臣早就知道了，但华山是帝王'风水'集中的地方，怎么可以随便开采呢？别人劝陛下您开采，恐怕是不怀好意。臣有好几次想把这件事告诉陛下，只是不敢开口。"

听了李林甫一番话，唐玄宗被深深地打动了，认为他是一位忠君爱国的臣子，于是更加爱惜重用他。同时对李适之大为不满，随后越来越疏远他。

李林甫凭借自己口蜜腹剑的本领，将唐玄宗唬得一愣一愣的。而融化在他的口"蜜"里，随后又死于其"剑"下的人不胜枚举。

故事中的李林甫显然是那种口蜜腹剑之人，表面一套，背后一套，说得比唱得还好听，可是做起坏事来却连眼睛都不眨一下。

在我们的生活中，类似李林甫这样的人也并非鲜见，他们外表表现得非常友善，很容易赢得他人的好感，让人愿意与之结交，然而实际上心里却尽想一些坏主意来算计、谋害他人。这样的人，因为没有一颗善良、真诚、谦卑之心，所以他们不会有什么善良的行为。对于这种人，我们只有好好辨别，多加小心，以避免被其所伤。

忌妒和痛苦是一对"孪生姐妹"

内心狭隘的人才喜欢和忌妒"结交"，内心善良、澄明的人才会远离忌妒。

当看到别人在某些地方超过自己的时候，有些人会在心里生出或强或弱的妒意。

不妨试想一下，当妒意袭来的时候，我们的内心是一种什么样的感受？不用问，那种滋味肯定是不好受的，因为那是一种被刺痛的感觉，让我们不服气，让我们感到愤恨……岂不知，这样一来，被忌妒包围的我们，势必会被折磨得身心疲惫，内心处于无比痛苦之中。

这是因为，忌妒和痛苦就像是一对"孪生姐妹"，忌妒会像一个能量强大的"怪兽"，"住"进我们的心里，遥控我们的情绪。

所以，为了我们心灵的和谐，为了让我们内心充满希望的力量，更为了我们拥有良好的人际关系，还是努力让忌妒这种不良情绪远离自己吧！

在一个欧洲的小镇上，有一位名叫琳达的年轻女大学生，她容貌身材都非常好，再加上性格又活泼开朗，这让周围很多男士们都对她青睐有加。

但是，琳达却遭到了一个名叫莱迪的30多岁的大龄未婚女士的忌妒。有一次，莱迪又发现了周围的男性邻居和琳达聊得很热络，正在开车的她竟然撞向了琳达，导致琳达左臂严重受伤。

不过，遭受此次不幸半年之后，琳达的伤势恢复了，她勇敢参加了"威尔士小姐"选美大赛，并进入决赛。这下，更引起了莱迪的不满。她虽然不再采取以前开车撞琳达的暴力行为，但是却用"软刀子"伤害琳达。比如，她会跟相熟的人们说，琳达就是个"狐狸精，"就知道勾引男人；还说琳达的容貌是整容整出来的……

莱迪因为琳达比自己年轻漂亮，并且讨男人们的喜欢而心生忌妒。其实，这是"猴王心理"在作怪。大文学家钱钟书先生就曾经指出，一个 30 岁的妇女会对十七八岁的女孩子特别的称赞和关心，但对二十三四岁的年轻主妇就会产生忌妒而横加指责和表达不满。文中的莱迪正是因为不能够容忍琳达的美丽超过自己，感到"猴王心理"受到了伤害，报复心理让她一再地做出伤害琳达的事。

应该说，忌妒这种情绪，是人的本质上的瑕疵，也是一种与生俱来的本能。这种情绪有深有浅。程度比较浅的忌妒，往往深藏在人的潜意识里，一般不容易发觉。如自己的好朋友比自己有才华，工作能力强，虽然不想对好朋友进行攻击，但内心深处总有一丝隐隐的酸楚。程度比较深的忌妒，一般会自觉或不自觉地表现出来，如对其忌妒对象进行造谣、挑剔等。

当一个人对他人产生忌妒情绪的时候，往往会不自觉地注意到别人的缺点，却不能注意自己的缺点。其实任何人都有缺点，都有不如别人的地方，当别人在某些方面超过自己时，就应该有意识地想一想，自己比对方也有强的地方，这样就会让失衡的心理天平重新恢复到平衡的状态。

在一家民企工作多年的老员工张栋因为忌妒心理作祟，以至于多年来都没有受到领导的赏识和重用。

原来，张栋看到一些年轻人能力不如自己，却能够平步青云，升职加薪，心里就很是不爽。让他非常难以忍受的是，和他同一部门的小刘是个刚走出校门的小姑娘，仅仅凭着一张漂亮的脸蛋和一张会说话的巧嘴，很快就赢得了领导的赏识。每当看到小刘，张栋就气不打一处来，暗地里恨领导有眼无珠，还时不时背着小刘说一些风凉话。

斯宾诺莎说过，忌妒是一种恨，这种恨使自己对他人的才能和成就感到痛苦，对他人的不幸和灾难感到痛快。任何一个人一旦被忌妒这个魔鬼附体的话，那么内心就会生出太多的愤恨。一个带着愤恨生活的人，又怎么能快乐呢？又如何能拥有好的工作业绩和好的人际关系呢？

慈善是一笔精神"金矿"

光宽和慈善，不忤于物，进退沉浮，自得而已。

追求幸福的人生是每个人活在这个世界上的终极目标。不过，每个人对于幸福的定义是不同的。有的人视名声为第一追求，于是努力让自己名扬四海；有的人以利益为首要目标，于是会不断地追求财富。

那么，当名声和财富到达一定程度的时候，人们的心理会生出强烈的满足感。但是名和利毕竟是无止境的东西，如果把幸福寄托于这两样东西上面，到头来很可能永远难以有长久的幸福感和满足感。

其实，真正的幸福感是在名和利到来之后，将它们"捐"出去。对此，老祖宗早就告诉过人们：为人处世，要存有一颗慈善之心，多扬善，才能因"慈"而生"福"，因"慈"而致富。说到这一点，可举的例子有很多，在此，我们先说说中国台湾的著名企业家蔡万霖先生。

蔡万霖是一个对慈善事业非常热心的商人，早在很久之前，他就为自己设定了这样的目标：成为第一流的慈善家。

通过这句话，我们可以解读出，蔡先生是把做慈善作为自己的终极理想的，而并非是赚多多的钱，发展多壮大的事业的企业家。

也正是这一颗善良之心，让他从一个街头卖菜的儿童，最终成为了大企业家。由于幼年时生活的贫苦，让蔡万霖在有钱之后更加热衷于帮助他人。

早前一些时候，蔡万霖就和自己的兄长蔡万春积极投身到公益事业中来，他们设立了福安孤儿院，收留那些在街头流浪的孤儿，把他们抚养成人，然后让他们回报社会。后来，他们在自己的故乡捐资助建了一座大型图书馆，还办了工厂，为当地的文化设施建设和就业都作出了巨大的贡献。

不仅如此，为了更好地服务于社会，蔡万霖与其兄长还特意成立了一个福利基金会，专门从事社会救济工作。

多年来，蔡氏兄弟一如既往地做着慈善工作，他们在商业上所取得的成就，不但满足了他们自己内心对于财富的追求，而且也造福了社会大众。反过来，广大民众也更加支持蔡氏企业，以此作为自己对蔡氏慈善行为的回报。

在当今社会，如果以拥有的财富数量来定义强者的话，那么比尔·盖茨可谓是全球第一了。然而，这样一个财富天下第一的人，却从不炫富，也从不欺凌弱小，而是通过慈善事业来帮助那些需要帮助的人。沃伦·巴菲特曾评价比尔·盖茨说："如果他卖的不是软件而是汉堡，他也会成为世界汉堡大王。"言下之意，并不是微软成就了盖茨，而是盖茨不吝付出、热衷慈善的优良品德成就了这个全天下最富有的人。

据统计，盖茨曾为公益和慈善事业一次次捐出近300亿美元的善款，而且决定要在自己的有生之年把95%的财产捐出去。

如今，以盖茨夫妇两人名字命名的比尔和梅琳达·盖茨基金会是全球规模最大的私人慈善组织，其基金规模是老牌的福特基金会的 3 倍、洛克菲勒基金会的 10 倍。盖茨多次公开表示过：他名下的巨额财富对他个人而言，不仅是巨大的权利，也是巨大的义务，他准备把这些财富全部捐献给社会，而不会作为遗产留给自己的儿女。

也许你会说，如果我像盖茨那么有钱，我也不吝惜，我也拿出很大一部分来做慈善事业。这种愿望或者说承诺虽好，但是毕竟我们不能都成为比尔·盖茨。不过，这并不妨碍我们尽己所能地做一些善事，帮助那些需要帮助的人。这样一来，我们不但能获得他人的欢迎和尊重，而且于我们的内心来说，也会因此而更加丰盈。也就是说，慈善无所谓高低，也不论多寡，只要我们大方地付出，我们就能获得快乐和满足，我们也会收获更多。从这个意义上讲，慈善本身就是一笔无形的"金矿"，它让人们的付出得到了丰厚的回报。

百善孝为先，修身立德从自家开始

如果说每个人的生命都是奔流不息的小河，那么父母则是小河的源头。

孝道是中华民族传统教育的重要组成部分，我们的老祖宗就留下了这样一句话：百善孝为先。意思是说，对于长辈的孝敬是在人的各种美德中排在第一位的。如果将我们的生命比作奔流不息的小河，那么父母则是小河的源头。没有父母，哪有孩子？没有父母的爱，哪有孩子的幸福？

可以说，孝心在为人处世中，占有的地位是很高的。我们很难想象，一个没有孝心的人怎样去爱别人，怎样去珍惜自己的朋友，怎样去爱护自己的家人？一个没有孝心的人在需要帮助的时候，谁会愿意伸出援助之手帮助他们？所以，我们要从自身做起，从现在做起，让自己孝敬父母，让自己的爱洒向父母。

从前，有一个年轻人，从小就很懂得孝敬父母。只是很不幸的是，在他不到10岁的时候，母亲就去世了，只剩下他和脊椎有伤残的父亲相依为命。

当时，由于他母亲生前治病花了很多钱，欠了很多债务，而父亲又没有劳动能力，所以他们的日子非常穷困，经常连饭都吃不上。

这位年轻人的父亲有一个爱好，就是喝酒。可是连肚子都填不饱，还哪里有钱买酒喝呢？

但是，他的儿子很懂事，总是对父亲说："爸爸，我一定会努力的，到时候给您买酒喝，您暂且忍耐一下。"当时，这个孩子还小，只能靠砍柴赚一点钱，可这些钱也只够买一顿饭菜。每当这时，他就想到父亲有酒喝的时候高兴的样子，忍不住难过起来，拖着疲惫的身体无精打采地走回家去。

看到儿子每天身心疲惫地回到家，父亲很是心疼。他知道儿子因为自己没有酒喝而伤心，于是经常安慰孩子："好孩子，爸爸没有酒喝没关系的，现在我们能吃上饭已经很不错了。"可是，这个孩子还是于心不安，特别是听到父亲安慰他的时候，就更觉得要让父亲喝上酒。

这一天，他比往常出门早了很多，上山之后拼命砍柴，一直到黄昏，终于砍到了比平时多一些的木柴。他想：这些木柴应该可以卖到一壶酒钱了。

带着这份欣喜，年轻人下山了。但是由于天色已晚，他走得又太匆忙，一不小心滑了一跤，摔下了山谷。不知道过了多久，他朦朦胧胧地醒来，恍惚听到附近有流水的声音。他口渴极了，努力撑起摔得很痛的身体，一瘸一拐地走向有流水声音的地方。走近之后，他看到在附近的悬崖上有一条小瀑布，而且水质非常清澈。

见此情景，他开心得不得了，于是赶紧弯下腰捧了一口水喝起来。当他喝到第一口水的时候，别提有多开心了，因为这水简直太好喝了。他接着喝第二口、第三口……喝着喝着，他猛然发觉这水似乎有酒味。带着好奇，他继续喝了几口，并仔细品尝了一番，果然是酒。

他赶紧将腰间盛水的葫芦取下来，灌满了一壶酒，然后开开心心地回家去了。回到家后，他先是向等候已久的父亲解释晚回的原因，然后把葫芦递给了父亲。父亲打开葫芦的盖子喝了几口，不由得感叹：这简直是上等的好酒！

从那之后，这个孩子每天都会上山为父亲去取一些酒回来，他的父亲因此每天都能喝到美味的酒。不久之后，年轻人的父亲一直挺立不起来的后背居然渐渐直起来了。人们都觉得，这是孩子的孝心感动了上苍，特意赐给他们一个酒做的瀑布治好了父亲的病。

故事中的孩子，用孝心感动了上苍，同时也感动了我们每一个读者。尽管这只是一个传说，但是我们从中不难领悟到：一份孝心，一个孝敬的举动，是多么的美好而动人。

有孝敬的榜样，也有不孝敬的案例。下面我们就看一看曾经被媒体报道过的一件令人错愕的新闻。

阿梅是一个从小在农村长大，最终通过高考迈出农门的18岁女孩。在考上大学后，阿梅对于城市里的生活开始努力地融入。她总觉得自己前18年过得太亏了，所以要尽可能地弥补曾经的缺憾。

为此，她为自己买很多的新衣服，买很好的化妆品，一心要把自己打扮成一个"城里人"。可是，她家境不好，生活费用只够将就用完一个学期。她这种大手大脚的花钱行为，不到两月就把半年的钱都花没了。于是，她只好向在家靠种田为生的父亲寻求帮助。

阿梅心里知道，自己家很穷，如果向父亲要生活费的话，他即使给也会给得很少，那样还是无法支撑自己"城里人"的生活。于是，她谎称自己遇到了困难，要父亲赶往她所在的学校。

在家劳作的父亲听说闺女需要帮助，立刻马不停蹄地赶到学校。可直到父亲来了之后，女孩才将真正的目的说出来。原来，她为了很快拿到更多的钱，居然提出要父亲去黑市上将一个肾卖掉。

父亲难过极了，他没想到自己辛辛苦苦养大的女儿居然为了穿着打扮而要求自己去卖肾。更让父亲难过的是，女儿居然振振有词地说："就算少一个肾，身体也可以照常运行，不会有什么事。"

老实巴交又懦弱可怜的父亲只有唉声叹气，咬牙答应了女儿的请求。

就在他们准备去往黑市的时候，由于阿梅的室友无意中知道了这件事，便和另一个室友偷偷报了警。警察及时赶到，这才制止了他们的行为。

为了自己的私心，居然不惜让父亲的身体遭受残害。这样的女儿真是天理不容！想必每一个看完这个故事的读者，都会对这个缺乏孝心，甚至连起码的做人的道德都缺乏的女孩产生鄙夷和愤怒的态度。而故事中的父亲，也着实可怜，他给了女儿生命，却养育了这样一个不仁不义的孩子。

我们都知道，孝敬长辈是中华民族的优良传统，也是家庭和睦的重要支撑。一代女皇武则天说过："父子不信，则家道不睦。"美国前总统林肯也说："亲人不睦家必败。"

一个人从生命诞生之初，就根植于自己的家里，在这个环境里生存、长大。如果家人不和睦，亲人不睦，子女不孝，那么家庭成员之间就不会建立一种良好的关系，每个人都会陷入长期的苦恼和烦闷里。

在这样的环境中饱受折磨，人的性情必然会受到压抑，以至于对外边的人际交往和工作都会产生不良影响。

相反，如果一个人能够孝敬父母，尊敬长辈，对于家庭成员关怀备至。那么家人自然会受到感应，也会用同样的爱来回馈。这样一来，整个家庭都会变得和谐而愉快。这样一来，不但家庭中的每个人都会保持轻松愉悦的情绪，而且还会将这种情绪带到人际交往和工作中去，使自己周围的世界都会呈现一种和谐、快乐、积极的状态。

善言善行，可让干戈化玉帛

与人为善、助人为乐，这不仅是人生价值的体现，而且是生命价值的升华。

人与人相处，难免会生出摩擦和矛盾。如果心怀善念，说一些温暖的话，做一些体现善意的事，那么对方自然会感受到我们的友好。这样一来，彼此之间的矛盾也就迎刃而解了。

可是，偏偏更多的人做不到这一点。因为在面对矛盾、争吵和竞争的时候，当对方对自己造成了侵犯和伤害，那么自己就会无形中将对方看成敌人，想方设法找机会"修理"对方，好为自己"报仇"。

这些人肯定未曾想过，如果用这种一报还一报的方式不断地和对方进行较量，那么到头来只会令彼此矛盾加深，不但不利于彼此关系的良性发展，而且对自己的心情也会造成大大的影响。更重要的是，还可能会带来利益上的损失。

所以，要想让自己轻松游刃于周围的环境之中，那么我们要努力做到不与他人起激烈的冲突和争执，尽量保持温和恭谦，用善言善行来对待他人。如此，即使有问题和矛盾也会化解于无形，我们的心情也会因此而变得开朗明媚起来了。

在古代，有一个仁慈的国王，他对老百姓如父母一般。为此，他也得到了人们深深的拥戴。

不过，由于这个国家国势不强，比较弱小，受到了邻国的威胁。一天，邻国终于派出了军队，向该国进攻。国王心里想道："自从祖辈开始，这两个国家就不断地交锋，每一次交战，都会让很多军民失去性命。这样下去，冤冤相报何时了呀。邻国之所以侵犯我国，不过是看中了我的国土和王位，我干脆给他让位，这样战火就会平息了，老百姓也不会遭殃了。"

想到此，国王修书昭告邻国国君，表示自己可以将王位让给他，但是有个条件，就是不能侵扰该国的军民，要对该国居民和他们自己国家的军民一视同仁。

看到国王的信后，邻国国君心中窃喜，他没想到没动一兵一卒就打赢了这场战争。

随即，他便率领军队长驱直入。让位的这位国王先在城中听到消息，又听说对方自东门入，他便更换衣衫，打扮成平民，自西门出，遁迹于山林之中。

过了很久，有一天，一位乞丐行路至这片山林处，由于旅途劳顿，他准备坐下来休息一会儿。碰巧，乞丐遇到了那位国王。两人开始交谈起来。

国王问乞丐："你从什么地方而来，又往什么地方去呢？"

乞丐说："我从北方的邻国而来，听说这里国王慷慨好施，而我已贫穷不堪，所以特来乞些财物回去，以度余年。"

国王听了，感慨道："其实，我就是你想要找的国王呀。只可惜你来迟了，我也已十分贫困，不能满足你的愿望了，很对不起你！"

听国王这么一说，乞丐懊丧极了，不由得跺着脚哭了起来，哭诉着自己命运太苦，白跑这么远了。

见此状况，国王动了恻隐之心，于是劝说他："你先不必难过，既然你跑这么大老远为了求我，我虽然什么都没有，但是也许我还能够满足你一些要求。"

乞丐说："你自己都泥菩萨过河自身难保了，哪里还能满足我的要求呢？"

国王说："我毕竟还是个退位的国王呀，新王必然在悬赏捉拿我，你可将我捆绑了，拿去献给新王，他一定会给你重赏的。"

国王这么一说，乞丐迅速地将国王绑了起来，牵着他来到宫门。那位在数月前侵占了该国的新国王发现旧国王被一个陌生人给挟持而来，不胜欢喜。他向乞丐询问是怎样抓捕到旧国王的。

乞丐把事情的经过如实相告，他对新国王说："我不是捕到的，是国王心甘情愿地要这么做的。"

经乞丐这么一说，新国王感到非常惊讶，而且也无比感动。他没想到，自己没有损耗一兵一卒得到了这个国家，尽管努力安抚该国百姓，但是臣民们仍然怀念他们的旧国王。很多臣民会偷偷在家里对旧国王进行祈祷，希望旧国王平安无事。

本来，新国王对旧国王甘愿将王位和国土让与自己就感到很惊讶了，现在听乞丐这么一说，就更加敬佩旧国王的盛德，认为国与国之间是不可以冤冤相报的。

至此，新国王离开了国王的宝座，并缓缓走下殿来，为旧国王解绑。他郑重地说道："本王在你的面前，是个不光彩的低矮之人。你的行为教诲了我，现在我把王位仍旧让与你。愿我们从今永息干戈，结束父祖仇恨，而选择世世代代都和好吧！"

为了臣民的安定和幸福，国王甘愿让出王位；为了满足一个人的请求，国王情愿让对方将自己绑架。这样的行为令人敬佩！

其实，不管是身为一国之君，还是一介普通平民，当我们向别人付诸友好和善意的言行时，都会为对方带去美好的感受。对方也自然更容易回馈给我们同样的善意。

在儒家的教育理念里，颇为推崇"仁义礼智信"。"仁"字当先，而它的核心思想就是友善，由此，足可见善良的重要性所在。

应该说，友善就像一缕清风，它能除却人际间的烦躁情绪；友善就像一泓碧水，它能够润泽人与人之间情感的缝隙；友善还是人与人之间心灵沟通的桥梁，是连接人与人之间的纽带，是增强人与人之间团结的基石。

　　因为友善的存在，矛盾可以消解，问题可以由大变小，由小变无。每个人都希望活在友善的环境里，每个人的内心也都潜藏着友善的能量。所以，请从自己出发，多带给他人一些善言善行吧，相信我们的生活会因为这些而变得多姿多彩，我们的心情会因为这些而变得春意盎然。

第三章

修养，以内敛为贵

　　"仁"是儒家最核心的思想，而儒士无一不是温文尔雅，风度内敛之辈。儒家言君子应"修身、齐家、治国、平天下"，强化自身修养是成功的第一步。修养，以内敛为贵，只有先修炼自身，才能求仁得仁，终至天下无敌。

内敛是一把未出鞘的宝剑

亮剑是一种勇气，亮出英雄本色；藏锋是一种修养，藏出君子风度。

很多人想成为英雄，于是他们便时时亮剑，结果却得了个"莽夫"的头衔，原来他将成为英雄最关键的条件忘掉了，那就是修养。英雄最大的智慧来自于他自身的修养，而这修养便体现在藏锋，即内敛的气质。

曾经有这样一把宝剑，它由著名的铸剑师用上好金属打造，剑刃锋利，剑体泛着清冷的寒光，靠近的人都会被这剑气吸引，夸赞一声："好剑！"

铸剑师对它爱不释手，给它做了上好的剑鞘，当他想要给宝剑套上剑鞘时，宝剑抗议说："难道我不应该让所有人欣赏我的锐利？怎么能套上剑鞘呢？"

铸剑师劝了很久，宝剑说什么也不肯乖乖套上剑鞘，铸剑师没办法，只好将它悬挂在正厅的墙壁上供人观看。没多久，这把坚决不用剑鞘保护的宝剑光芒尽失，浑身都是锈，再也没人夸奖。

这把剑在最初的确是一把"好剑"，但是，当它得意于自己的精纯锋利之时，却不懂得藏锋，拒绝了剑鞘的保护，想要尽情释放自己的光芒，结果却光彩尽失，甚至不能称得上为一把剑了。很多人就像这把剑一样，总一心将自己的"光芒"炫给人看，结果往往以失意告终。

其实，这把挂在墙上的宝剑所受的不只是外界的钝化，它也许还会让盗贼垂涎，更有可能会成为其他宝剑忌妒的对象……中国有句俗话叫"枪打出头鸟"，一个炫富的人往往会招来盗贼，一个炫才的人往往会被人以"清高"来排挤在外，但一个有修养的智者，他的内敛却往往像一把未出鞘的剑一样，面临敌人时会出奇制胜。

　　有才能、有实力的人难免会有锐气，他们不希望自己的光芒被掩盖，总是想要成为众人瞩目的焦点，因此，他们招来了是是非非。太过高调的人就像一把没有剑鞘的剑，当他们锋芒毕露的时候，就已经注定了被人冷落的结局。而那些内敛的人就不同了，他们看似默默无闻，却在暗暗积攒能量，不显山不露水，不争功不抢镜，却在关键时刻崭露光芒，不仅躲过了平日的危险，还会博来喝彩之声。

　　内敛，就是给自己刀剑般的个性戴上剑鞘。以低调的生活姿态示人是一种避险的生存技巧，更是修养的最高体现。观察一下周围，那些每天张牙舞爪、招摇过市的人是不是让人感觉过于轻浮？即使他们高官重职，也只会被人嗤之以鼻，而什么样的人会深得人心、令人敬佩呢？当然，是那些有修养而低调内敛的人。

　　庞统相貌丑陋，天生怪异，因此不太招人喜欢。他先投奔吴国，孙权嫌他相貌丑陋没有留用。后来只得投奔蜀国的刘备。临行前，孔明交给庞统一封推荐信，告诉他说刘备见此信后一定会重用他。

　　庞统的个性比较刚直，不喜欢那种走后门拉关系的方式，他见到刘备时并没有将推荐信呈上，而是以一个平常谋职者的身份求见。刘备见到庞统，多少也有点以貌取人，因此，派他去治理一个不起眼的小县。

　　庞统面对这样的待遇，并没有耿耿于怀，他深知靠人推荐难掩众口，他将自己的才华藏了起来，等待时机的到来。

　　没想到，时机很快就到来了，刘备为了了解庞统的工作情况，派张飞前去庞统所任的耒阳县察看。张飞命令庞统在县衙当场审案，没想到积压数日的案子不到半日就处理得干净利索，曲直分明，这使得张飞看到了庞统的真才实学，对庞统敬佩不已。

　　张飞将实情报告了刘备，刘备方知自己有察人之失。

庞统没有记恨于心，而是全心等待时机，终被刘备重用，这便是庞统的修养体现，他积蓄力量，厚积薄发，终于在适当的时机向世人展露了自己的锋芒。

古代琴师弹琴时讲究一种最高境界，叫作收放自如。一个曲子不论激昂还是哀婉，如果能做到说弹就弹，说收就收，是对琴师技术的极大考验。放手弹时铮铮入耳，听众陶醉其中，收手时听众依然沉浸其中，不能自拔，此乃"此时无声胜有声"，而懂得内敛的高人就如琴师在收手时的境界。

做人也像弹琴，懂得内敛才能收放自如。在沉静中坐观局势的变化，一切世事都了如指掌。

而在现实生活中，很多人因为冲动，不理智、不冷静做事的后果极其严重：因为抵挡不住诱惑，有的丢财，有的丧命；因为老板的一句无心之语，意气用事，盲目地提出辞职；为了一点小事、一丝隔阂而冲动、发怒，闹得夫妻不和，最后分道扬镳……

一时的冲动盲目、毫无收敛的行为可能意味着事后要付出高昂的代价。很多因为不懂得内敛而发生的悲情事例给我们很多的教训和启示，教给我们在为人处世中要冷静、理性，多用脑子，少用性子，要养成收放自如的内功。

那么如何做到内敛呢？

其一，永远不要炫耀自己。一般过分盲目自信，刚愎自用，总以为自己能力超强，不分析客观情势的人总是容易炫耀自己，把没有做成甚至只是想象中的事情说得把握十足，最后却因言过其实、无法兑现而一败涂地。要做到内敛，首先做到遇事不要炫耀；

其二，克服固执傲慢的缺点，听取中肯意见，遇事客观分析和判断；

其三，凡事三思后行，切忌冲动，在没有搞清状况之前，不要轻易发言或出手。

有的时候我们无法左右客观世界的变化，但我们是自己的"主人"，可以控制自己的言行，在最适当的时候发言或出手，会取得意想不到的效果。与其把自己暴露在空气中，不如做一把装在剑鞘里的宝剑，在保护自己实力的同时，更让人们惊艳于你亮剑时的锋芒。

内敛，是一种智慧，一种风度。

做人，贵在内敛！

心浮气躁是人生的大敌

如果你有一本武功秘籍，千万不要急于修成正果，因为那极有可能走火入魔。

置身于"江湖"之中，谁都想成为武林第一人，走到哪儿提起姓名字号都令人竖起大拇指。放眼江湖之中，武功不俗的大有人在，可真正让人竖起拇指的却鲜有，这是什么原因呢？那是因为太多的人急于求成，心浮气躁了！

初学象棋的人总是想着与别人较量，就是观人下棋时也总想着指挥几下，被人教训："观棋不语真君子！"不过，这些人很少去仔细思考这"真君子"的含义，还是叫嚣着以"棋王"自赞，胜利时手舞足蹈，一招失利便慌张补救，自然，最终他们会成为极容易被打败的"棋王"。象棋是很容易看出一个人心性的，心浮气躁者往往都是失败一方，而那些手拿茶壶，稳稳当当的人往往都是高手。他们一招走先不会喜形于色，一招失利也不会心慌意乱，人生正是如此，心浮气躁者总是容易失手。

"科技创新应远离浮躁。""人生是短暂的，所以我总是尽量多学习，多做些事情。"

这是 2010 年伊始，中国科技界的最高桂冠——国家最高科学技术奖获得者谷超豪先生的心声。

他是中国科学院院士、复旦大学数学研究所名誉所长；他在 2008 年被授予"上海教育功臣"荣誉称号；2009 年，紫金山天文台以他的名字命名了一颗小行星。

然而，他的名言却是：

"学海茫茫欲问之，惜阴岂止少年时。秉烛求索不觉晚，折得奇花三两枝。"

这是何等寂寞，何等求索，又是何等心甘于科研一颗心！而这种寂寞，这种求索，这种心甘正是成就谷超豪先生的必要条件。成功不可能一蹴而就，立等可取，用小磨细细磨出的咖啡永远比速溶咖啡香醇，因为这种香是经历了无数次研磨之痛的有内涵的香。

浮躁是人生最大的天敌，他们可能拥有光鲜的外表，却不可能拥有深沉的内涵，一个真正有内涵之人，才可以经得住考验。一个浮躁的人，缺乏凝神聚魂的定力，缺乏拼杀搏击的勇猛，他们就像无根的浮萍一样，经历不住任何风雨。试想一下，如果你是一位老板，会重用一位急于追求数量而将质量放于一边的人吗？当然不会！而心浮气躁的人就是这种人，他们无法安定自己的内心，一"浮"一"躁"就足以让他的谋事之心和立业之志成为空想。

一旦心浮气躁，人就会变得盲目、浅薄和暴躁，就会被社会的急流所挟裹，耐不住寂寞，经不起挫折，干不成事业，最终一事无成。古人训导有言："非淡泊无以明志，非宁静无以致远。"古今中外，凡是成就事业之人，无不是淡泊名利、远离浮躁、意志坚定而又百折不挠之人。

许多年前，美国兴起石油开采热。有一个雄心壮志的青年人，也来到了采油区。

起初，他的本职工作是检查石油罐盖自动焊接得是否完全，以确保石油被安全地储存。每天，青年人都会上百次地监视着机器的同一套动作。首先是石油罐通过输送带被移送至旋转台上，然后焊接剂自动滴下，沿着盖子回转一周，最后，油罐下线入库。他的任务就是监控这道工序，从早到晚，检查几百个石油罐，日日如此。

这的确让人感到简单而枯燥。对此，青年人觉得很不满足，自己的能力做这样的工作岂不是浪费？于是便找主管请求调换工作。

主管听后冷冷地说："你要么好好干，要么另谋出路。"

年轻人涨红了脸，回去后冷静下来仔细一想，自己为何不能在平凡的岗位上发挥潜力，把工作做得更好呢？于是，青年人沉下心来，即使每天重复百遍，他也一丝不苟。

一天，他注意到一个非常有意思的细节：他发现在机器上百次重复的动作中，罐子旋转一次，一定会滴落 39 滴焊接剂，但却总会有那么一两滴没有起到作用。于是他想，如果能将焊接剂减少一两滴，这将会节省不少。经过仔细研究后，青年人研制出了"37 滴型焊接机"。但是这种机器在运作时会有漏油的现象，于是他很快又研制出了"38 滴型焊接机"。

这样，公司每焊一个石油罐盖，便会节省一桶焊接剂。虽然每个盖子节省的只是一滴，但正是这"一滴"却给公司带来了每年五亿美元的新利润。

这个年轻人，就是日后掌控美国石油业的石油大亨——约翰·戴维森·洛克菲勒。

石油大亨的成功告诉我们"静"是人生路上最好的格言，沉下心来，将自己的浮躁之心去除，才极有可能赢下人生这场比赛。凡成事者，要心存高远，更要脚踏实地。枯燥无味时，忍于寂寞；纷繁动乱中，守住清静。人心谋定而动，但顾努力耕耘，不问收获多少，乃至只顾种福而不求享福，才是最有福的人生。

这"忍"与"守"便是潜心所在，便是有内涵。大凡成功之人必定沉得住气，稳得住神，"任凭风吹雨打，我自闲庭信步。"便是一种大家风范，这种大家风范是你人生之路最强悍的能量，助你一臂之力。

感情用事要不得

人有情活于世间，但要想立于世间，就要将感情好好地处理一下了。

丁文元与王德成的故事对于生活在 20 世纪 90 年代的人来说，可以说是耳熟能详，他们是著名相声表演艺术家少马爷——马志明创作的相声《纠纷》中的两个人物，等红灯的王德成不小心将自己的自行车压到了丁文元的脚，一场纠纷便因此开始了，并闹到了派出所，最终耽误了一天时间的两个人只一句"对不起"和解了，可这一天时间找谁去补呢？

在日常生活中我们经常看到，两人因为一些小小的矛盾而发生口角，争吵谩骂几句后就大打出手，当酿成大祸时才会感到后悔，只能叹息自己当初太冲动，但这一切都无法挽回了！

人是有感情的动物，自然感情会成为人思考与行动的"先驱者"，但是，如果人只靠感情来立世，那可是行不通的。人的情绪是时刻变化的，喜、怒、哀、乐会不自觉地交替出现，但人如果被它们支配，那就太天真了。小孩子不会克制自己的情绪，所以他们高兴就笑、悲伤就哭，急了烦了也会表现出来，但如果一个成年人，像小孩子一样那就会受到别人异样的眼光了，当然，也根本没有办法立于世间，做大事成大业的人更是如此。

刘备历尽艰辛，终于拥有了东西两川和荆州之地，创建了帝业。然而由于关羽的失误，荆州被东吴所夺，关羽也被算计杀害。

刘备听闻，悲愤交加，立刻要起兵伐吴，发誓要为关羽报仇。

赵云劝说道："当今的国贼是曹氏，并非孙权。曹操虽然死了，但曹丕却篡汉自立为帝，神人共怒。陛下应该讨伐曹丕，而不剑指东吴。倘若一旦与东吴开战，就不容易立刻停止，其他大计就无法实施。还望陛下明察。"

刘备心知这番话的道理，确是审时度势之言。然而，兄弟之情让他的心中已充满了复仇怒火，一心向战，他对赵云说："孙权杀害了我的义弟，还有其他忠良志士。这是切齿之恨，只有食其肉而灭其族，方能消除我心中的仇恨。"

赵云再劝道："曹丕篡汉的仇恨，是大家的仇恨；兄弟之间的仇恨，是私人的仇恨。希望陛下以天下为重。"

刘备甩袖反问："我不为义弟报仇，纵然有万里江山，又有何意？"

遂起兵伐吴，欲扫平江东。但最后落得个火烧连营，白帝托孤的下场。

失去兄弟的刘备悲愤交加，失去了理智，已经处于"当局者迷"的状态中，不听赵云的一再相劝，最终连连战败。这时的刘备已经完全被自己的仇恨情绪控制了，他已经失去了作为一个君主应有的清醒和理智，没有审时度势，结果旧仇未血，反而又赔上了自己的性命。

有情是为人的根本，但过于感情用事的结果常常是失败，看那些胜不骄、败不馁的人，再看那些宁静致远的人，甚至那些难得糊涂的人，他们有情，但不会以情来支配自己的判断。世事复杂多变，理智常常会被感情冲淡，让人做出错误的分析和判断，因此，时刻保持一颗清醒的头脑很重要，一个可以控制自己情绪的人必能成大器。

刘备的"情"使他败北，相比之下，一代枭雄曹操就不一样了，他面临家人被害的深仇大恨，最终做出的是极理智的判断。

曹操平定了青州黄巾军后，声势大振，拥有了一块稳定的领地。于是派人把自己的父亲曹嵩接来，同乐尽孝。

曹嵩带着一家老小四十余人途经徐州时，徐州太守陶谦想借此交好曹操，便有意奉上一片好心，亲自出境迎接曹嵩一家，并连续两日大设宴席，热情款待。

礼节到如此地步应算是比较到位了。但陶谦讨好心过重，好心却办了坏事。他派兵士五百人护送，可谁知护送的这批人中竟有黄巾余党，当初归顺陶谦只是一时之屈，归顺后也并未得到任何好处。如今看到曹家财宝数车，便起了歹心。兵士一行人半夜杀了曹嵩一家，抢光了所有财产，夺路而逃。

曹操接到报告，咬牙切齿道："陶谦放纵士兵杀死我父，此仇不共戴天！我定要尽起大军，洗劫徐州！"

然而，当曹操率军攻打徐州，报仇雪恨之时，情况发生了变化。陶谦惶恐中向孔融求助，而孔融又找刘备帮忙。刘备向公孙瓒借兵以解徐州之围。在两方对峙的时候，吕布在陈宫的劝说之下偷袭了曹操大营兖州，占领了濮阳。

此边大仇未报，怎料又生其他枝节。曹操虽然复仇心切，但同时又十分冷静地分析，认识到自己处境的危险性："兖州失去了，就等于让我们没有了归路，不可不早作打算。"

于是，曹操便咬牙停止了复仇计划，拔寨退兵，去收复兖州。因此，曹操摆脱了这次危机，保住了自己的地盘和势力。

面对一家老小四十余人被杀，这种痛苦远远要比刘备失去的一个义弟之痛深得多，但曹操仍能清醒地察觉危机，冷静地把握局势的发展趋势，最后化险为夷。也正是因为这种理智和冷静成就了他的一方霸主的梦想，这也是他成为三国时期著名的军事家的原因之一。

当你抛开感情用事，以一颗冷静理智的心去品评世事时，你的生活和人生便会有一个新的开始。任何人都有情绪波折的时候，世间最难的莫过于控制自己的感情，而一旦人能掌控自己的情绪，遇事不急，处世不惊时，他也就叩响了成功的大门。

遇事沉得住气，稳得住神，不受感情左右，才能客观看待问题、分析问题、解决问题，才能使目更明、耳更聪，才会有大情怀大智慧，才是图谋成就大业之人的制胜法宝。

守住自己的阵脚

面对世事变幻，安之若素，守住自己的阵脚。

两军对垒，敌方再骁勇也不用怕，只要你了解敌我双方情况，有足够的实力和勇气并对作战方案胸有成竹，这样你就有了足够的底气与之一争高下。

人生也是一场博弈，是与人、与事乃至与自己的博弈，是输是赢要看能否守得住自己的阵脚，能否坚持到底。

其实，输赢不重要，别人怎样看待你的输赢也不重要，重要的是你是否始终守得住自己的阵脚而不退却、不倒下。你究竟如何输了这局，别人怎样赢了你，这都不是重点，重点是你是否在这场博弈面前，输掉了自己。很多人的失败不是输给了别人，而是输给了自己。

一颗安定的内心，是人生在世最重要的法宝。人生在世，总免不了会遇到得意或失意的事。得意不忘形，失意不丧气，顺境坦然，逆境泰然，这是拥有安定内心的外在表现，这便是一种内敛的处世态度。

老子说："祸兮福所倚，福兮祸所伏。"外界环境有着太多的突变或意外，谁也没有预知未来的能力，始料未及的事常常发生，但如果此时我们自乱了阵脚，那就输了。这时的我们更应沉着冷静，时刻保持清醒的头脑，以最客观的分析做出最准确的判断。你没有见过那些居士智者遇事急得跳脚吧？也没见过哪位老教授遇事得意忘形吧？因此，稳住自己的阵脚，静观其变，这才是最正确的做法。

古时有一个商人，在外苦心经营多年，终于攒下了一大笔财富。于是准备结束半生的漂泊，告老还乡与妻儿团聚，置田购房，安度晚年。

当时的社会比较动荡，路上常有劫匪。商人身着一件旧布衣衫，一双平底布鞋，扮作一个风餐露宿的行路人。他把所有的钱都买了玉器，有道是"黄金有价玉无价"，他特意改装了一把油纸伞，将全部的玉器都镶嵌进伞柄中。

吃饱之后，不觉倦意难挡，外面又下着小雨，他不觉双手撑腮，打了一个盹。

一阵清凉的风吹醒了商人，天已黑了。商人揉揉眼，猛然间却发现油纸伞不见了踪迹，一阵冷汗冒了出来——这把伞可是他的身家性命。

但商人不露声色，沉着冷静。仔细分析着有可能遭遇到的情况：他看到自己手里的小包袱完好无损，就大概能断定并没有人专门行窃。一定是有人只顾方便，顺手牵羊取走了自己的雨伞。

沉思片刻，商人有了主意。他叫来掌柜的，说自己看中了这个小镇，请帮忙租个房子。

掌柜的帮他在交通要道上租了个小房子。商人说，自己也不会什么别的技能，只能修个伞。于是，一间极小的修伞店在路边打起了招牌。

他待人和气，心灵手巧，颇有人缘，人们都愿把伞拿到他那里去修理。谁也不知道这个小小的手艺人其实是腰缠万贯的富商，谁也不知道他每天谦和的笑脸背后掩藏着一颗紧张焦灼的心。他每时每刻都在等待着那把油纸伞的出现，经过他手的伞成千上万，却唯独没有他要的那一把。

一天，他接了一把破旧的伞，主人漫不经心地说："一把破伞值不了几个钱，反倒要花不少钱去修，太费事就算了。"

言者无意，听者有心。一句不经意的话启发了商人：自己的那把油纸伞也恐怕破得不能再修了……于是，商人又想了一个好办法。

第二天，过往的行人看到一条新鲜的广告：油纸雨伞以旧换新。人们纷纷询问，得到肯定的答复后，消息立刻传开了。

不久，来了一个中年人，腋下夹着一把油纸伞，恰是商人心系魂牵的那把。

可此时商人仍然不动声色地收下了破雨伞，犀利的目光一扫，就查到伞柄处完好无损。

他转身在店里挑了一把最好的雨伞递给来者，然后徐徐关了店门。

打开伞柄，商人看到了他的全部玉器，他竟瘫坐在地上，半日无语。

第二天，修伞店很晚还没有开门。一打听，才知已是人去屋空。

商人悄悄地来到这里，又悄悄地走了。再以后，这个故事流传开来，当地人恍然大悟，纷纷赞叹着商人的沉着、冷静和睿智。

这位商人弄丢了自己的所有身家，他的内心该有多么的焦躁呀！但是，他是一位睿智的人，他的冷静、沉着让财富失而复得。试想一下，如果商人丢伞后焦急寻找，或者急火攻心一病不起，那结果就会大相径庭吧！

孟子说：“夫勇者，骤然临之而不惊，无故加之而不怨。”古往今来，凡成大事者，都具备在任何情况下沉着冷静、坦然面对的特质，因为这种内在特质会助他们迎接各种突变，更能帮助他们成就梦想。

沉淀自我，让灵魂更加清澈

荷出淤泥而不染，只因为它在河泥中已经将自己积淀，做好了出水的准备。

心浮气躁会让我们与成功擦肩而过，自乱阵脚会让我们与成功对面无缘，那怎样才能握住成功的门环，叩开成功的大门呢？稳下心神想一想，最重要的还是沉淀。每个成功者都是耐得住的人，勾践卧薪尝胆数年，一举雪耻，这就是他耐得住数年寂寞，沉淀自我的结果。

北方有一种很受欢迎的小吃——凉皮儿，它的制作过程中最关键的一步就是沉淀。将面团在水中反复揉洗，去除面筋，留下白白的淀粉水，然后就是静静地等待了，等到白色的淀粉水沉淀，轻轻去除上面清澈的水，才能得到纯白的淀粉糊。只有这样的淀粉糊才可以蒸出透明且筋道的凉皮儿，也可以说，如果没有当初的沉淀，就没有淳淳的凉皮儿！

这人生就好比制作凉皮儿，要经得起等待，经得起沉淀，哪怕沉淀的过程会痛苦、会寂寞，也要坚持，因为那样灵魂才会更加纯净。一个无法将心灵沉寂下来的人，哪还有什么精力去思考别的事情呢？

书店有位老伙计今年已经有70岁，他每天的工作是理货，卖书，擦掉书架上的灰尘。来买书的客人都喜欢跟他聊上几句，因为这位老伙计看上去像是一个有文化的人，为人勤快，说话还很讲究，对各种图书了如指掌，和他聊天能够得到很多知识。

有一天，一位年轻人好奇地问："是不是一个人一旦上了岁数，都会像您这样看得开一切事，像是没有任何烦恼？"

老人摇摇头说："这和年龄没有关系，如果你愿意，你也能做到。"说着他拿起自己用来喝水的玻璃杯，问年轻人："你看这水杯没有盖子，每天不知有多少灰尘要落进去，这水却依然清澈，这是为什么呢？就是因为它懂得沉淀，把所有的灰沉到底部，保持自己的透彻。人的心灵不就是这样，如果执着烦恼，就会像一杯充满灰尘的水，反之，就是一杯清水。"

年轻人听了，若有所思，郑重地向老人道了谢。

一杯水，无论多么干净，使劲儿搅拌也会变混浊。水保持清澈的关键不是盖上盖子，也不是加任何化学物质，而是它能够使自己沉淀。人心如水，纷纷杂杂的社会琐事就好比灰尘，我们无法避开这些灰尘，但我们可以静下心，让纷杂的琐事沉淀下来，理清头绪，静静思考解决的办法，然后一一攻破，心灵自然也会变得澄澈。

但是，如果你总将繁杂的事情摆在眼前，就好比一杯落进灰尘的水一样，如果没有一颗清澈宁静的心将它们理清，繁杂的事情也将难以分辨是非曲直，更会让你因不能取舍而心力交瘁，繁杂的事情也会变得更为复杂。因此，哪怕世间有太多纷杂，我们也要懂得沉淀，时刻保持内心的清澈与宁静，这样，你的心才会有足够的能力去面临各种挑战。

沉淀也是积蓄力量。充足的实力加上安宁清澈的心境，将会力助你走上成功之路。

沉淀自我是一个心灵的净化过程，它让我们看清自己，明白自己要什么不要什么，明白自己应该追求什么。即使在闹市之中，一本书、一杯茶就能让自己静下来，甚至在朋友的谈话中，我们也能静下心来用善于聆听的耳朵采撷到来自他人的启迪与智慧。

沉淀自我也是一种培养定性和品德的过程。在品德不断缺失的当下，想要保有一份心灵的纯净，本身就是一件可贵而高尚的事。我们愿这种美好与我们同样维持的善良、仁爱等人性中的众多美好品性，一起来构筑我们的品德大厦。

虽然世事纷乱复杂，但只要学会自我沉淀，在沉淀中保持纯净，在沉淀中守住自我、充实自我、提高自我，你会发现，很多问题其实都不是问题，困难远没有你想象中那么难，成功也没你想得那么遥远。

在人前树一面牌子，在人后立一面镜子

我们不能独活于人世间，因此要在人前树一面牌子，同样重要的是在人后立一面镜子。

提到耐克，我们便会想到那句："Just do it!" 那个平凡的"对号"震撼了全世界，使全世界人信服，我们选择体育用品时当然会将它列为首选，这便是品牌的力量。电视连续剧《大宅门》中一块"百草堂白家老号"的牌子让二奶奶收回了被查封的老铺，这也是品牌的力量。

其实，人立于世间本来就是一个品牌，谁都想拥有一个好的品牌。于是，很多人将人前的牌子处理得很好，有了别人的监督，我们便会时刻注意自己的面容整洁，言谈恰当，举止得体，因为我们明白，有人在注视着自己。但是，在没人的时候，抑或没有熟人的时候，你还会保持吗？

闹市区新开了一家快餐店，因为这家快餐店的食物美味，服务热情，每周都推出新种类套餐，还会派发优惠券，生意越做越好。但客流量大，麻烦也随之而

来，在中饭和晚饭的用餐高峰时段，顾客之间经常发生争吵。

产生争吵的原因是快餐店门面不大，空间有限，无法保证一人一桌，客人通常需要和其他人"拼桌"，高峰时候人来人往，等餐太久的顾客难免有怨气，站着的顾客认为坐着的顾客动作太慢，坐着的又认为自己花了钱，想坐到什么时候就应该坐到什么时候。经理把这件事汇报给老板，老板说："这件事好办，今晚立刻装修餐厅，把四面墙壁改造成大镜子。"

经过几天的装修，餐馆重新开业，经理惊奇地发现，争吵越来越少。原来，当人们看到镜子中的自己，都会不知不觉放缓说话的语气，注意自己的形象，有了这些镜子，即使在用餐高峰期，餐馆同样能井然有序。

老板的镜子装得很对，在没有人或者说是没有熟人的时候，我们的状态是松懈的，对自我的要求也就相对放松，常常会抱着一种"反正没有人看见，为什么不让自己轻松一点"的想法，于是，小店的不愉快事件时常发生。但是，老板的镜子提醒了人们，让人们看到了自己"不雅"的一面，这时，人们会在刹那间惊醒，因此小店变得太平了。

社会中，这样的人比比皆是，他们把生活当成了演戏，人前一套，背后一套，这样的人一旦被人拆穿，就会一败涂地，因为人们会认为他一直在演戏，根本没有真实的自我，自然自己辛苦建立的牌子再也不会立起来了。所以，我们不妨在别人看不到的地方，为自己再设立一面镜子，时刻检查自己，人前人后统一，牌子便会屹立不倒了。

朱熹说："君子慎其独，非特显明之处是如此，虽至微至隐，人所不知之地，亦常慎之。"人要有一种高度的自觉，这便是人后的那面镜子，这是一个人修养的体现，真正有修养的人的品德不是演出来的，而是来自于内心的自觉。人后的镜子就是我们的自省意识，要了解自己的不足与缺点，要坚持自己的优点与信念，这种坚持与他人无关，是为自己定下规矩，对自己负责。

　　公司通过网站招聘选拔了几个新人，老板想要在其中选出一个人重点培养，几位新人能力相当，分不出高下，于是老板想出了另一个办法。

　　这天下班后，老板买来很多食物和酒水与员工们庆祝一个工程的通过，那天大家兴致很高，很晚才离开公司。老板看着员工一个个离开，这时，他发现有个女孩留下来默默清理办公室里的垃圾，这个女孩就是新人中的一个，她并不知道老板依然留在办公室，只是觉得应该尽快将垃圾清理掉，恢复办公室的工作氛围。

　　第二天，老板宣布这个女孩做他的第二助理，大家都不明白其中的原因，只有老板知道那个在大家聚会之后打扫会场的人，才是他最想寻找的助理。一个负责任的助理——在看不到的地方仍然努力工作的人，才是真正敬业的人。

　　女孩的默默工作被老板发现，因为她是一个人前人后统一的人，这才是真正敬业的人。有些时候，能力可以培养，学识可以增长，口味可以提高，但本性是很难改变的。很多人在老板在时显得积极努力，可老板不在时就会松懈偷懒，这样的员工不但会让自己的工作处于小心翼翼之中，更会让别人觉得他是一个人前人后不一，品行不端的人。

　　人前的牌子很好立，只要努力，在别人眼中你就会得到肯定，但人后的镜子却需要一番努力了，在别人看不到的地方，你是否依旧呢？你是否也像人前那样维护着自己的牌子呢？

　　一个人总是小心翼翼地活在别人的监视下是很累的，与其人前人后地转换表演，还不如随时严格要求自己，为自己树一面牌子的同时，也为自己在人后立一面镜子，修身自律，定会使你受益终身。

宽容是仁者的涵养

"泰山不让土壤，故能成其大；江河不择细流，故能成其深。"智者从来不会纠结于对错之间，更不会陷于过去的往事之中。

有些人的脾气就像是爆竹一样，点火就着；有些人一遇到事就急得不知所措；有些人受到冤枉就暴跳如雷……这些人将喜怒哀乐写在了脸上，终难成大事。还有些人，常常说："他太过分了，我不会原谅他的！""等着瞧，我绝对不会放过他！""我死都不会饶恕你！"等等，仿佛结下了深仇大恨，一定要血债血偿的样子。这些人将仇恨埋在了心里，种下了"恶"的种子，殊不知，这颗种子将来会长出藤将你牢牢束缚。

一些真正的仁者懂得"喜怒不形于色"，懂得"大人不计小人过"，更懂得"仇恨是对自己的责罚"，因此，他们学会了宽容，拥有了一颗宽容的心，才能容山川江河，才能成就大事业。这些人正如俗话所说："宰相肚里能撑船，将军额前能跑马。"

记住那些生活所给予我们的恩惠，而那些怨恨，如果记住会成为我们的负担，还不如让它随风吹去。

人与人之间常常会产生摩擦，当寻找原因的时候，有些人会指责他人，有些人会检讨自己，后者就是懂得自省的人。日常生活中，人们会面对一些大大小小的摩擦，事实上由此而来的冲突并不会给自己带来多么大的麻烦，人们会愤怒，往往是因为觉得自己的感情受到了伤害，觉得他人不肯为自己着想，换言之，就是不够宽容，不懂得换位思考。

那些遇到大事小情就在大街上大喊大叫的人一定成就不了什么大事，而那些拥有绅士风度，不计前嫌的人，才是真正有涵养的仁者。

明代有个叫杨翥的官员，是一个很有涵养的人，当时就有很多人传诵他的故事。

杨翥有个邻居脾气急，有一次家里丢了一只鸡，觉得是杨翥偷的，就天天站在家门口大骂："姓杨的！你忒爱占小便宜，连我家的一只母鸡都不放过！"骂骂咧咧很多天，杨翥却说："姓杨的人那么多，他未必是在骂我。"竟然不予理会。

还有一个邻居，每到下雨天院子里积水，就扫到隔壁的杨翥家，杨翥家地势洼，每次都像发了一场大水，不过，杨翥依然不当一回事。

久而久之，邻居们都认为杨翥对人宽容，纷纷到他家里道歉。杨翥做官后，邻居们听说有伙强盗想要去杨翥家抢夺财产，他们深夜里主动守在杨翥家门前，上门的强盗闻风而逃。

像杨翥一样，宽容的人懂得自我解嘲，宽容了别人的同时也解脱了自己，他们不会为一点小事斤斤计较，即使有误会，他们也不着急证明什么，而是相信日久见人心，这是宽容者特有的达观。从被人骂占小便宜到成为邻里赞扬的对象，杨翥并没有刻意做什么，这就是涵养。

宽容是一种智者才具备的涵养。有智慧的人懂得忍让的重要，退一步海阔天空，给别人空间也就是给自己空间，一步退让，减少了争执，化解了矛盾，让剑拔弩张的两个人坐下来把酒言欢，这是一件乐事。为什么要为了小事争到面红耳赤？难道我们的眼界如此狭小，容不下一粒细微的沙子？会计较，是因为我们不够强，没有强者的心态，试想一个人站在较高的位置，又怎会在意俯瞰时的一个小土丘？

宽容是一种由己及人的善良，是把爱护自己的心理推及到别人身上，有了这样一种思想境界，更容易理解他人，自然也就少了更多的计较和烦恼，他们不易急躁，也不易失衡，他们的心灵始终处在一种平稳安宁的状态，这样的人走到哪里都受到人们的欢迎，因为他们让人感觉到温暖，让人打心底里觉得自己被尊重、被爱护。

第四章

学问，以通达为贵

　　人的一生，实际上是一个不断学习的过程。在生命的漫漫长河里，学习知识，积累经验。当我们做到博闻强记、世事洞明，那么就等于将所学应用到了实践中。这时候，我们头脑里的学问便"活"了。"活"即为通达之意。

博览群书，腹有诗书气自华

一个人的成长史，其实就是他的阅读史；阅读确实是一个自我创造、自我提升的过程。

古人云：开卷有益；又云：胸怀卷册天生彩，腹有诗书气自华。二者皆是说读书的好处。当书读得多了，人的见识广博了，那么就会自内而外散发一种不同于常人的独特气质。

实际上也的确如此，我们稍加留意一下，便会发现，那些有阅读习惯、博览群书的人，往往在气质、学识、眼界、阅历方面都比那些不爱看书的人要更优秀、更突出。

一位作家曾这样说过："阅读的最大理由是摆脱平庸，早一天就多一份人生的精彩，迟一天就多一天平庸的困扰。"这话一点都不假，在阅读中，你确实能收获到令你意想不到的财富。

关于爱读书、善读书，并因为读书而让自己内心通达、学识广博的事例，不胜枚举。在此，我们举几个历史上有名的事例。

西汉思想家、儒学家董仲舒为了读书，做到"三年不窥园"。据说，董仲舒专心攻读，孜孜不倦。他的书房后虽然有一个花园，但他专心致志读书学习，在3年的时间里，都没有进园观赏一眼。正是董仲舒如此专心致志地钻研学问，使他成为了西汉著名的思想家。

　　同是西汉时期，有一个叫陈平的名相。他年少时家境贫困，和哥哥相依为命。为了秉承父命，光耀门庭，他不从事田间劳动，一心只扑在读书上。他的做法却让他的嫂子很是恼怒，为了消弭兄嫂的矛盾，面对一再羞辱，陈平都隐忍不发。后来，由于他的嫂子变本加厉地加害于他，使他终于忍无可忍，离家出走，打算浪迹天涯，后被他的哥哥追回。回来后，陈平对嫂子不计前嫌，并且还阻止哥哥休妻。一时间，在当地传为美谈。很久之后，终于来了一个老人，这个老人是慕名而来的，老人免费为陈平授课。陈平学成之后，便辅佐刘邦，成就了一番大业。

　　对于宋朝大文学家范仲淹断斋画粥的故事，很多人可能也有所了解。当时，由于范仲淹从小家境贫寒，所以为了读书，他只得省吃俭用。终于，范仲淹的勤奋好学感动了寺院的长老。长老便把他送到南都学舍前去学习。在那里，虽然有很多富家子弟对他表示友好，会馈赠给他一些东西。但范仲淹却坚持过简朴的生活，不接受别人的馈赠。他是想以此来磨砺自己的意志。最终，经过刻苦攻读，范仲淹成为一代伟大的文学家。

　　类似的事例不胜枚举，由此我们便可看出多读书给人们带来的好处。有人总结说：读诗让人更有灵性，读史能使人明智，理学让人心思缜密……总而言之，阅读不仅能愉悦一个人的身心，而且还能陶冶一个人的情操。

　　这是因为，阅读本身就属于一种心灵的活动，而书本则是心灵的"维生素"。在沉浸于书本中的时候，人的内心会慢慢从或浮躁或琐碎的生活中脱离出来，变得清静平和，这本身就是一个修身养性的过程。

　　有研究表明，那些经常读书、有阅读习惯的人不管在智商还是情商上都远远胜过其他人，这类人勤于观察、善于思考，在自身修养和生活感悟上都做得很好。

　　俗话说："书籍是人类进步的阶梯。"因此，努力让自己成为一个"书虫"吧！当你全身心地投入到书之海洋里，你会发现自己所掌握的知识越来越多，看到的世界越来越广阔，视野也随之越来越开阔。之所以会发生这样的转变，是因为不同类别的书有不同的内容，而不同的内容又展示着不同的思想。一个阅读广泛的人，他的视野必然会更为开阔，遇事也会从容坦荡许多。

向比自己强的人学习，自己才能更强

优秀的人会给我们带来更好的榜样的力量，促进我们更快地进步。

俗话说："近朱者赤，近墨者黑。"当我们周围都是一些强于自己的优秀者时，那么我们自然也会受到他们的影响，向他们学习。这样，我们就可以从他们身上学到自己所不具备的优点，也就是所谓的"见贤思齐"。

不仅如此，和优秀的人打交道，还会为我们的生活、工作带来很多便利，在我们遇到困难的时候，这些优秀的朋友会给我们提供有用的建议以及帮助，为我们出谋划策，帮我们渡过难关。

因此可以说，我们不光要让自己保持学习的激情和动力，还要懂得向哪些人学习。多接触一些有潜力的、优秀的人是我们的福气，他们会给我们带来更好的榜样的力量，促进我们更快地进步。

阿瑟·华卡是美国的一位著名银行家。他的成功得益于年少时的一次特别的经历。

那一天，阿瑟·华卡看到一本杂志，便随手拿来翻看。翻开其中的某一页，写的是大实业家威廉·亚斯达的故事。阿瑟·华卡一点点地读了下去，看着看着就入了迷。因为他看到了亚斯达的成功，感到无比羡慕又无比崇敬，并且希望有朝一日能见到亚斯达。同时，他还想象着，将来自己也成为亚斯达那样的人。

一次偶然的机会，阿瑟·华卡真的见到了自己的偶像亚斯达。于是，阿瑟·华卡向他询问赚钱的秘诀是什么，亚斯达对他说："只要多结交比自己更优秀的人，就有成功的那一天。"

就是这短短的一句话，阿瑟·华卡一直铭记在心。在之后几年时间里，他如愿以偿地实现了自己的梦想，成为了一名银行家。

当有人向阿瑟·华卡讨教成功的经验时，他只是把亚斯达当初告诉他的那句话换了个说法，他说："我希望你常向比你优秀的人学习，这对做学问或做人是有益的。"

向比自己优秀的人学习，对于做学问做人都是有益的。阿瑟·华卡的说法，当然也是他的做法，是值得我们每个人借鉴的。毫无疑问，把优秀的人作为自己学习的榜样，这是我们取得成功的重要因素。否则，一个人即使有取得成功的潜质，也会因为不善于向他人学习而走向失败。

要知道，我们可能在某一方面比别人强一点，但是一般情况下，别人身上也会有我们所不具备的东西。所以，要想让自己变得更优秀，取得更多的进步，那么就要将注意力盯在别人的强项方面。只有这样，我们才能看到自己的不足之处。这样，我们才会带着谦逊的态度去学习，让自己不断取得进步。

美国有一个企业大亨，他曾经只是一家香皂公司的推销员。有一天，他来到一家超市要推销香皂。当时，超市里的老板正忙得不可开交，一看是个推销的，就有些不耐烦，冲他挥了挥手让他离开。

推销员一看老板如此蛮横，虽然感到很不舒服，但是并没有就此退缩。他仍试图说服老板买他的香皂。只是，令他没想到的是，超市老板居然气势汹汹地对他破口大骂道："带着你的东西立刻给我滚蛋！刚才我是给你面子，没赶你走，你还真是不知好歹！"

冷不丁挨了这么一通难听的话，推销员脸上有些挂不住，觉得很难堪。不过他还是定了定神，让自己平静下来，温和地对老板说："很抱歉，我刚从事这项工作没多久，对一些东西还很陌生，希望您能给我一些指教……如果您能向我介绍一下比较好的推销方式，我将感激不尽。"

听了推销员这么一说，超市老板才发觉自己刚才的话实在是太过分了，于是便热心地对推销员说："我建议你这样做……"只见老板把这香皂的好处说了一大串。

"先生，没想到您对我们公司的产品这么了解，所说的话也如此具有说服力，真是谢谢您的指点。"推销员由衷地称赞着超市老板。

这位老板听到这些，不但消了怒气，而且还心情舒畅地与推销员签下了一笔不小的订单。

也许这个故事有点极端色彩，但它确实能够反映一个道理，那就是：不管是谁都比较欣赏谦虚之人。

当我们抱着谦虚的态度向别人学习的时候，会让别人卸下防备，更容易接受我们。这种学习的姿态是一种让人尊敬的优良品质，同时也是让我们获取更多知识和能力的好方法。

事实上，每个人都有优点和长处，也都有各自的缺点和短处。只有虚心向别人学习，做到取人之长补己之短，我们才会有进步。另外，我们还需要从正反两方面向别人学习，既要学习对方的成功之处，也要善于从别人的缺点中去学习，借鉴其成功的经验和失败的教训，也就是进行批判性学习。

总而言之，尺有所短，寸有所长。当我们能够客观地看待别人和自己的时候，就会发现他人身上的优势和我们自身的不足，就会汲取他人的经验，从而使自己不断地走向完善，走向成功。

学以致用，方显知识本色

只有多思考，多实践，才能发现所学东西的真正价值，知道怎样用才能最有效。

我们做任何一件事，都不排除有一定的目的性，学习这件事也不例外。如果说小学生、中学生认真学习是为了考高分，升入好大学的话，那么进入社会的成年人不断地学习，则更多的是为了应用于日常的工作和生活中。

如果单纯地为了读书而读书，那么就像一位教育家说的"读死书、死读书"，不能作用于实践中的学习，就体现不出知识的作用，而学习者本人，也变成了"书呆子"。

春秋时代的军事家孙武，他以兵法谒见吴王阖闾，吴王在看过他的《孙子兵法》后，问他："可以用女子操练吗？"孙武说："可以。"吴王就派了一群宫女给他。孙武以吴王的两名宠妃为队长，并施以严峻的军法管理，起初众宫女大笑不止，孙武说："号令不明为将之罪，明而不从是领兵官吏之罪。"由于孙武三申五令，宫女仍然轻忽嬉笑，不听号令，因此尽管吴王求情，孙武仍依军纪将两位宠妃处死，此后宫女认真操练，队伍整齐。又经过一段时间后，孙武报告吴王说："兵已练就，王欲用之，虽赴水火犹可。"

后来，吴王起用孙武，国势日渐强盛。

陆游于《冬夜读书示子聿》一诗中曾写道："古人学问无遗力，少壮功夫老始成，纸上得来终觉浅，绝知此事要躬行。"他深知单纯读书的局限性，强调读书必须与实践相结合。书中的理论再完善，也只是对某种经验的总结，而要能充分利用好书中提供的方法与技巧，就必须亲自去实践，亲身体验，方能派上用场。

诸葛亮的话说得非常好，"知识"不是那些"专工翰墨，青春作赋，皓首穷经；笔下虽有千言，胸中实无一策"的雕虫小技，"知识分子"也不是那些寻章摘句、数黄论黑的腐儒。书不在多而在用。

可以说，学以致用，是一种走向成功的能力，是一种能够让自己更为轻松地前进的智慧。一个不善于学习、不善于把知识活学活用于实践中的人，就会像没头的苍蝇一样乱撞，就会华而不实，难以获得真正的提高，也难以取得优良的成就。这样的人，终其一生也必将难成大事。所以，我们应该让自己活学活用书本上的知识，不断地提高自己学以致用的能力。

术业有专攻，精通专业才是永久通行证

在某一领域做到"专家"级，才是获得良好生存和发展潜力的法宝。

如今，社会的现代化进程越来越快，所谓的"全才"时代已然过去，只有那些在专业领域里精通的人，才能在自己所处的领域荣争翘楚。

几乎所有优秀的领导都是唯才是举，他们选拔人才、留住人才的重点往往落在是否精通专业技术方面。所以，只有那些在某项领域里成为"专家"级的人，才会受到欢迎和尊重。

如果没有专业能力，就成了"万金油"，什么都能干，却什么都干不好。这样

的人，就像市场上售卖的某一产品，没有新意，同质化严重，在人群中根本凸显不出来。

7 年前，袁玲在某名牌大学广告策划专业毕业后，就来到一家广告公司担任策划文案。然而，她渐渐地感到很困惑。原因是，在同事们看来，袁玲无论是学历、资历，还是能力方面都是出众的。她不但能写出很好的策划方案，而且还精通财物知识，就连平时一些重要的公关活动，她也经常能帮老板助阵。本以为空下已久的部门经理职位非自己莫属，结果老板却派来了空降兵。

对此，老板给袁玲的理由是：缺乏明确的职业定位。在老板看来，袁玲既能够做策划，又能做财务，还能做公关。所以，对于策划部经理一职，她并不是最佳人选。对于这个解释和这样的结果，袁玲心里却不服气，她心想，难道自己样样精通在老板眼里却是缺乏专业精神？

或许你也为袁玲感到不平。但是要知道，尽管袁玲有着很强的工作能力，甚至可以说样样精通。但是她并不清楚，如果把人的职业发展比作一棵大树，那么旁枝过多的话，就会阻碍大树主干的生长，使整棵大树失去足够向上生长的能量。袁玲的问题就出在没能认识到兴趣过多、证书过多，每个职位自己都能伸把手，反而削弱了自己的核心竞争力，容易导致个人职业目标的模糊。

这样的人在别人尤其是领导们看来，很容易产生一种"啥都想干，啥都能干，但没有特点，或没有一样能做到最好"的感觉。其实，袁玲最大的失误就在于眉毛胡子一把抓，没有明确的职业定位和目标。她所认为的能者多劳，在领导看来却成了缺乏定位和核心竞争力。岂不悲哉？

因此说来，要想引起别人的注意，受到别人的重视，那么就要克服"通病"，专攻某一领域，彰显自己的特质。

中集集团总裁麦伯良先生，是在大学毕业之后才学会管理的。在他的带领下，公司由一家曾经濒临倒闭的小厂发展成为初步具备世界级地位的中国企业。

曾有媒体报道，当初，麦伯良将原来的日生产流量的任务改为了24万箱，引起了员工们的极大不满，大家认为这样的任务比以前高出好多倍，太繁重了，根本不可能完成。

但是，麦伯良并没有妥协，而且最终获得了理想的结果。当初说日产顶多3万箱的情况，结果完成了24万箱。每次麦伯良下达生产任务后，员工们都有些不理解，他们认为老总这是突发奇想，根本不可能完成。不过，员工们又不得不认真执行，虽然心里揣着一万个"不可能"。

然而，结果却总是出乎大家的预料。事实证明，麦伯良是正确的。

在一次接受媒体的采访中，麦伯良提道："这里面关键要懂行。"作为一名管理者，所谓的懂行，就是要具备向员工提出虽然很高但又切实可行的目标。而要提出这样的目标，是需要对行业熟知才能做到的。

正是靠着这一点，麦伯良提出了几乎所有人都认为是天方夜谭的目标，并最终顺利实现。

可见，对行业是否熟知，是一个人能否成为一个好的领导者、一个有竞争力的管理者的重要资本。正如一位商业领袖所言："一个人一辈子若能把一件事做得极其出色，那就是最大的成功。"简言之，就是业不在多，而在精。

不可否认，现代社会瞬息万变，每个行业、每个领域都在发生着变化。今天我们还精通的专业，明天可能就被淘汰了。所以，这就要求我们不断地学习，努力跟上知识更新的步伐，让自己在专业领域永远保持精通的水平。

要知道，不管在什么时候，也不管在什么情况下，精通专业都是一个人手上的王牌，是具有强有力的竞争力的。当然，要做到在专业领域里的精通并非易事，一定得付出比常人更多的努力，才能比别人走得更远、更稳妥。

学习是一个不断持续的过程

有一定的知识并不难，难的是能否保持对自己永不满足，永远保持好学好问的动力。

对任何人来说，学习都是提升知识和能力的重要方式之一。我们也时常听到"活到老，学到老"这样的古训。它旨在告诫人们，不要满足于现有的知识，而应该不停地学习，直到终老。

著名管理学大师彼得·圣吉对现今人士也提出了类似的忠告："未来唯一持久的优势是，比你的竞争对手学习得更好。"毫无疑问，学习对于现在的人们来说，已经成了赖以生存和不断发展的必要手段。

通用电气公司首席教育官、发展管理学院院长鲍勃·科卡伦在《我们如何培养经理人》一文中这样写道：

在 GE 内部，一旦你进入了公司，你是来自哈佛大学，还是一个不起眼的学校并不重要。因为一旦你进入公司，你现在的表现比你过去的经历更重要。

如果你从事一项新工作，你做得不是太好，没关系，我们知道你在学习，你能追上来。我们希望人们的表现高于一般期望值，工作得很出色。不过期望值不是一成不变的，期望值会随时间而变化。如果你停止学习，一段时间内一直表现平平，而期望值因为竞争的关系，因为客户需求，因为技术进步而上升，而你却不再学习，你就可能被淘汰。要知道在企业，期望值年年上升。如果你今年销售额达到 2000 万美元，明年就要达到 2200 万美元，而在接下来的年头，你需要做更多。

趋势如此，如今是一个知识更新异常迅速的时代。如果我们还仅仅满足于曾经十年寒窗苦读而拿到的硕士、博士文凭，那么将很难跟得上时代发展的脚步，早晚有一天会处于被淘汰的危险境地。

对此，坊间有这样一个形象的比喻：如果你停止学习，从个人的角度看这个问题，就像水在涨，而你就站在那里，你不会游泳，就被淹死了。这对你个人和事业来说都是一件坏事。

由此可见，不管你是位高权重者，还是普通打工者，学习的脚步都不能稍有停歇，必须得时不时地给自己"充充电"。

彼得·詹宁斯是美国 ABC 晚间新闻一名很有影响力的主播。在参加工作之前，彼得·詹宁斯连大学都没毕业，但他却很爱学习，一直将工作作为他学习的课堂。

做了 3 年的主播之后，彼得·詹宁斯却令人疑惑地急流勇退，辞去了让人羡慕的工作，投身到一线记者的行列中。面对别人的质疑，他的回答是，要让自己得到锻炼。

在做记者的那些年里，彼得·詹宁斯深入一线，报道了很多重要的新闻，得到了业界和观众们的一致好评。后来，他成了美国电视网第一个常驻中东的特派员，后来，又搬到了伦敦，成为了欧洲地区的特派员。经过这么一番"折腾"，彼得·詹宁斯又重新回到了主播的工作岗位上。这时候，人们发现他已经大变样了，从当初那个初出茅庐的年轻人，成长为一个成熟稳健，备受人们欢迎和尊敬的真正的主持人。

有句话说得好："吾生而有涯，而知也无涯。"不管是牙牙学语的孩童，还是耄耋之年的老者，我们都要把不断地学习作为人生的主题，只有这样，才能在风云变幻的时代谋求一方立足之地。

　　网络上有人调侃说：如果说 19 世纪的文盲是不识字的人，20 世纪的文盲是不会使用计算机的人，那么 21 世纪的新文盲则是不懂再进修、再学习的道理的人。所以，我们要想让自己成为新时代屹立不倒的"常青树"，就要严格执行自我规划的进修充电计划，把学习当作一种习惯融入到每天的生活中。要知道，未来社会的竞争既是人才的竞争，更是学习能力的竞争。我们只有不断地提高自己，才能汲取能量，才能在人生路上不断前进。

不断进步，让学习成为一种习惯

　　成功的路有千万条，但唯有一条是成功必不可少的，那就是，习惯的力量。

　　"习惯决定性格，性格决定命运"这句话时常萦绕在我们的耳边。对此，我们不难理解，说到底，习惯和命运是有着某种必然联系的。

　　著名的教育家叶圣陶先生说过这样一句话："什么是教育？简单一句话，就是养成良好的习惯。"无独有偶，世界著名的哲学家、思想家亚里士多德也曾说过："我们每一个人都是由自己一再重复的行为所铸造的。因而'学习'不是一种行为，而是一种习惯。"由此可以看出，"学习"这个词语并不单单是用来描述人们行为的，也是用来描述人们习惯的。所谓的习惯，就是指一种常态，一种下意识，一种经过不断地学习而历练形成的一种状态。它就像一个设计周密的计算机程序，已经置于大脑的神经细胞里，在里面形成一种特殊的记忆。如此一来，我们的一言一行、一颦一笑都是优秀的外化和证明，会让人眼前为之一亮，甚至会对我们进行称赞和叹服。

　　杨冰是一位祖籍浙江的商人，十年前从家乡来到北京后，至今已经发展成拥有上亿资产的"富翁"。对于自己的经商之道，杨冰用这样一句话来总结："不断学习，有新观念才能有新作为。"他表示，"不同的观念，就会做出不一样的事，而要转变旧有的习惯，只有不断学习才行得通。"

　　在工作中，杨冰发现，很多员工只懂得努力工作，业绩却一直平平。为此，他进行了一次周密的调研活动。通过调研，杨冰看出了问题所在，原来在对待顾客的时候，员工们大都是按照顾客的要求拿来一样产品，然后将产品的功能介绍给顾客。但是，一旦遇到挑剔的顾客就不知所措了。

　　杨冰认为，一个真正合格的优秀员工，应该根据顾客的谈吐、穿着等外在形象来判断其收入、兴趣等，而这些也是需要在平时的不断学习中获得的。

　　问题被发现之后，为了让那些不善于学习的员工看到自己脸上的"阴云"，杨冰让员工们组成"互助组"，互相挑毛病，然后互相帮忙解决。这样做的效果果然不错，员工不但业绩提高了，而且关系也更融洽了。不过，无可避免的是，有一些人离开了。

　　杨冰觉得，这种学习只能算是一种被动学习，也是公司管理员工的一种方式。一个人要想有好的发展，需要学习的东西太多了，只有记得时刻主动学习，才能"常胜而不言胜"。

　　诚如事例中杨冰所言，人只有不断地学习，才能持续地摘得胜利的果实。如果一味地抱着旧思想、旧观念不放，或者仅仅满足于自己现有的知识，那么就很有可能被竞争对手赶超。因为你不学习，而对方却在不断地学习，不断地进步。那么，你的明天何去何从应该不言自明了。

　　有一个女孩每天都从自己家的花园里采摘鲜花到寺院里供佛。这天，当她将花送到佛殿的时候,碰巧遇到了寺院里的禅师。禅师非常欣喜地说道:"每天你都如此虔诚地用鲜花来供佛,根据佛家经典的记载,常以鲜花供佛者,来世必当获得福报。"

听了禅师的话,女孩甚为欢喜,同时她颇有同感地说道:"我每次来用鲜花供佛时,心灵都像是被涤荡过似的,清澈明净。可是,一旦回到家中,心就烦乱了。您能否告诉我,作为一个上有老、下有小,既要忙于工作,又要忙于生活的女性,如何在喧嚣的尘世中保持一颗清静纯净的心呢?"

禅师听了,没有正面回答,而是反问她说:"你以鲜花献佛,相信你对花草总有一些常识,我现在问你,你如何保持花朵的新鲜呢?"女孩回答说:"让鲜花保持新鲜的方法,无非两种,也就是换水和裁剪。我每天都会给鲜花换一次水,并且在换水的时候把花梗剪去一截,因花梗的一端在水里,容易腐烂,腐烂之后水分不易吸收,就容易凋谢。"

禅师微微一笑说道:"其实,要想保持内心的清洁和纯净,同保持鲜花的艳丽和新鲜是同样的道理。我们的生活环境就像瓶子里的水,我们就是花,唯有不停地净化我们的身心,变化我们的气质,并不断地忏悔、检讨,改进陋习、缺点,才能不断吸收到自然的养分。"

听完禅师的一番话,女孩茅塞顿开,她迈开轻松的步子回家去了。从此,她坚持每天学习一些新的知识,一方面充盈自己的内心,另一方面也将这些知识用到她的生活和工作中。渐渐地,这个女孩不再像以前那样心绪烦乱,而是可以轻松游刃于工作和生活之中了。

诚如禅师所言,要想保持内心的纯净,我们需要不断地净化自己的身心。换言之,我们只有不断地用知识浇灌我们的心灵,才能让自己立于不败之地。

事实上,一个人的知识和能力都是有限的,而真正优秀的人,心里会很清楚,只有永不满足,在自己的工作岗位上不断学习,不断向别人请教,磨炼自己,才能不断提高自己的知识水平和能力,才能满足自己所处环境变化发展的需求。

或许你会说，每天的工作和生活让自己太忙了，根本不像在学校时可以有很多的时间来学习，而且心里装了不少事，也难以有精力再投入到学习中去。但是，我们不要忘了，这是一个日新月异的时代，是需要我们不断进步的时代。其实，时间只要肯挤还是会有的，只要我们能够秉持一颗爱学习、善于学习的心，并将学习形成一种长久的习惯，那么就能让自己不断获得知识的更新和积累，自己的内心也会随之更加丰盈，在工作和生活中处理起问题来，也就更游刃有余了。

第五章

家庭，以和睦为贵

　　孝敬父母，尊敬长辈，关爱子女，手足情深，更有"执子之手，与子偕老"的爱情信守……亲情、爱情，不需要太多的言语诠释，只要心在一起，就是人生之福。或者，你已从中得到关爱、温暖与成功的力量，那就把那些令你头疼的琐碎之事丢掉、忘掉，或者闭一只眼睛让它溜掉吧！

家和才能万事兴

家是全家人的温暖港湾、心灵归宿和后方大基地，是有爱、有亲情、有温暖的地方。家庭和睦美满是百业兴旺的基础和保证。

中国人强调"成家立业"，在中国人的价值观中，家庭和事业各占人生成就的一半。一个幸福的家庭带来的是奋进路上的无条件的支持，是面对低谷时从至亲处得来的安慰，是挫折痛苦时可以重拾勇气的动力，是疲倦不堪时一个静谧温暖的怀抱。幸福和谐的家庭关系可以助人在事业上心无旁骛勇攀高峰。而若家庭失和，便难将足够的精力投入到事业当中，即使幸运闯出一番天地，却也难掩内心的凄凉无依之感。

家和，是夫妻间的互敬互爱，是父母子女间的理解体谅，是兄弟姐妹间的相互关怀。在科技高速发展，生活节奏飞快的当今社会，人们所面对的压力日益加大，人心也日益焦躁逼仄。于是，带一个笑脸回家面对伴侣，耐心听取父母关于他们成长年代的经验之说，同早已各自成家的兄弟姐妹保持经常性的联系似乎都越来越难了。

然而，当今社会所缺失的，却正是人们所需要的。有一个温馨和睦的家庭在身后支持自己，在面对纷杂繁复的社会时，心里才能更加笃定，更加从容。

清朝时有一个老员外，生活上颇为讲究，所用下人皆是请人悉心调教数年略通诗书后才能在面前伺候答话的，然而偏偏他的贴身管家却是农夫出身，目不识丁。有人好奇地问员外为何选择这样一个管家，员外就讲出了这个管家的故事。

原来这管家本是一位贫穷老农夫的小儿子，有个已经结婚并育有儿女的哥哥。在他们父亲去世时将仅有的一点财产平等地分给了两兄弟。作为弟弟的他想，哥哥有家室，开销一定比自己大，自己一个人尚且常常吃不饱饭，哥哥一家人肯定比自己更需要父亲的遗产。于是趁晚上从自己所得的份额中拿出一部分偷偷送到哥哥的仓库里。而哥哥却想着，自己养家虽然辛苦，但毕竟已经成家往后没有用钱的地方，而弟弟还是独身，免不了娶妻生子还要大笔花销，于是他便也趁夜将自己的一部分粮食送去了弟弟的仓库。

两个人就这样你搬过来我搬过去，直到四天后，兄弟俩在给对方仓库搬东西的路上相遇了，知道对方心意的二人十分感动，忍不住抱在一起哭了起来。这一幕正好被路过的老员外看到，问明缘由的老员外感动于兄弟二人间的亲情，就让还没成家的弟弟当了自己的管家，又给哥哥谋了一份差事。不久，兄弟俩就过上了衣食无忧，令人羡慕的生活。

良好的家庭关系，意味着贫贱时的相濡以沫，意味着困苦时的雪中送炭，艰辛坎坷因分担减轻一半，幸福快乐因共享加大一倍。

一个和谐美满的大家庭，不是其中一两个成员的无限忍耐退让，而是家中的每一个人的谦和恭敬。在一个和睦融洽的家庭中，每个人都心系别人，都为让他人生活得更好而默默付出，在这样充满着尊重、爱、体谅、关怀、责任的家庭中，人才能快乐满足；而一个人人都充满幸福感的家庭，自然兴旺发达。

中国人看重的家庭，不只是一家三口这样小的家庭单元，也包括一族一姓的整体兴旺。家族企业在当今的中国乃至世界依然是最常见的企业组织形式之一。而尤其在这样家业一体的环境下，家庭的和谐与每个人的成功和幸福更是休戚相关密不可分。

曹雪芹在《红楼梦》中借探春之口说："'百足之虫，死而不僵'，必须先从自家里自杀自灭起来，才能一败涂地呢！"一个家庭，怕的不是外部的压力破坏，而是从内部生出的异心。一旦昔日的骨肉亲情演变成窝里斗的局面，无论原先怎样庞大丰饶的家业，也会在不计后果的相互拆台中被当作相互攻击的弹药而最终消磨殆尽。

家是靠每一个成员共同经营的。它就像一片原野，当每个人都在这里种下鲜花，那么每个人都将得到馥郁的芬芳。如果每个人都只索取鲜花，那么只会剩下一片荒芜。如若每个人都在此丢弃垃圾，那么得到的只能是加倍的肮脏恶臭。

家和万事兴。而做到家和，就需要家庭中每个成员不能太过计较个人一时的利益得失，将自己融合在家庭这个大团体之中，心系他人，心怀温暖。当你用自己的爱去温暖每一个人时，你将得到每一个人爱的回馈。一个充满爱的和谐美好的家庭，也由此而生。

沟通是跨越代沟的桥梁

良好的沟通，能够加深亲人之间的温馨感情，多与亲人交流，就能避免很多误会，拉近亲人间的距离，从而能够更好地生活。

进入 21 世纪，随着科技发展的不断加快，社会的飞速进步，人们从思想观念到生活方式都发生了天翻地覆的变化。时代的巨大变化，让老一辈人应接不暇，却同时也造就了拿着 iPhone，玩着电脑，走哪儿都先寻找有没有"Wi-Fi"的年轻一代。"代沟"这个词在 20 世纪 90 年代第一次进入人们的视野，并很快就成为了街头巷尾讨论的热词。

不同的成长环境造就了不同的人生观，不同的处世态度，孩子们没有耐心再去听父母讲那些曾经放之四海而皆准的人生道理，曾经最为水到渠成的父母与儿女间的交流沟通，如今却几乎成了最难的事情。

王先生辛苦了半生终于事业有成，一家人也终于过上了富裕的生活。为了让宝贝独生女得到更好的教育，王先生决定把女儿送到国外的名牌大学去深造。

为了实现这一目标，王先生给正在读高二的女儿办理了退学，又把女儿送进了一年花费将近 10 万元的"贵族留学预科学校"。虽然女儿的成绩并不理想，但是王先生每次说起女儿都很骄傲："我女儿过两年就去美国读大学了!"

然而王先生没想到的是，对于这样的安排，女儿却没有表现出一丝喜悦，甚至每次王先生接她回家过周末时，女儿都对自己不理不睬。一次王先生只是随口问了问女儿在学校的情况，女儿却一句话不说，起身回房间了。而第二天打扫女儿房间时，王先生意外地看到了一段令他心寒的文字："我恨他。他根本不在乎我的感受，只是想拿我向别人吹嘘。我再也不想看见他!"看着女儿陌生又熟悉的笔迹，奋斗了半辈子的王先生第一次感到心灰意冷，他不明白，自己这样一切为女儿考虑，为什么换来的却是女儿的不理解和仇视?

沟通在人际关系里是不可或缺的一环，无论是家人之间，朋友之间，工作伙伴之间，良好的沟通都能带来友好的气氛和良性的人际关系。而在家庭里，沟通更是必不可少，有效的沟通能够帮助我们和亲人之间建立更深的相互信任相互温暖的亲密关系。但是很多时候，正是因为亲人的天天相见，反而忽略了语言的沟通和精神上的交流，以致不知从何时开始产生了误会和偏差。在父母和孩子之间，由于先天年龄上的"代沟"，这样的误差一旦产生，就很容易导致孩子的紧张和敌视。

沟通不只是说出自己的看法和观点，更重要的是去理解和接纳对方的想法。沟通需要设身处地地去理解对方，需要站在对方的角度换位思考。父母希望被孩子理解，就需要先做到理解孩子。都说父母是孩子的第一任老师，只有父母先做到将心比心地站在孩子立场上考虑，孩子才能学会怎样去设身处地。

在中国的传统思想里，父母对孩子的爱被当作"恩情"，带着这样思想的父母，常会不自觉地将自己放置在高高在上的"施恩者"的地位，把自己对孩子的横加干涉当成"为了孩子好"的苦心孤诣，却忽略了孩子在此过程中的感受。就像在王先生的故事里，王先生完全沉醉于自己给孩子创造了更好条件的巨大"恩情"带来的满足感里，却没问过女儿愿不愿意离开原本的学校原来的朋友，能不能承担得了高强度的英语学习带来的课业压力，有没有准备好离开亲友独自去一个举目无亲的国度进行深造。其实王先生在给女儿退学前，如果好好跟女儿进行沟通，尊重女儿的选择，两人间的矛盾是完全可以避免的。

曾经为了给儿子完整的母爱，田女士在儿子出生后就辞掉工作当起了贤妻良母。小时候的儿子懂事听话，跟田女士也十分亲近。可是在上了初中后，进入叛逆期的儿子就像变了一个人，回到家基本不和田女士说话，田女士为了拉近和儿子的距离而试图提一些自己养育儿子过程中忍受的辛苦也都被儿子恶声恶气地打断。甚至有一次，当田女士又提到自己为了儿子不惜放弃工作时，儿子居然跳起来怒气冲冲地喊道："又不是我让你辞职的，你非要拿这个逼死我是不是?!"田女士吓了一跳，心里十分难过，却不知道和儿子之间出了什么问题。

后来田女士家邻居搬来一家英国人，田女士看到那位英国妈妈和自己的两个孩子都亲密无间，每次孩子离开之前都会跟母亲拥抱亲吻，并告诉妈妈："我爱你。"羡慕着这样和谐亲子关系的田女士找了个机会向英国妈妈问起她家亲子和睦的秘籍，英国妈妈的回答让田女士受益终身。

她说："因为我从来都不觉得我对孩子有恩情。孩子们并没有要求被生下来，是因为我和丈夫想要孩子陪伴的私心才把他们带到了这个世界上，让他们不得不努力生存，也不得不承受相伴而生的痛苦。从这个角度来说，是我和丈夫欠孩子们的，所以我们尽量让孩子们活得快乐，以此来补偿他们因我们的私心而被迫面对的人世的苦难。"

听了这番话，田女士才意识到，正是因为自己总觉得自己对孩子的好都是在施恩，总是在跟儿子交流时一遍遍强化"我是为你才辞职，所以你应该感激我"的思想，使得跟儿子在一起时，自己总显得高高在上，也无意中关闭了和儿子平等交流的平台。想清楚这些道理的田女士，在后来与儿子的相处中，总先站在儿子的立场想想儿子的快乐是什么，沟通时也更多地聆听儿子的想法而不再用"恩人"的身份去压儿子。不久之后，母子间的嫌隙就不复存在，家庭又和谐幸福起来。

现代家庭中，一边是家长们哀叹，我都是为了孩子好，孩子却不理解；一边是孩子们愤然，父母从来就不想理解我们，他们只想要个听话的傀儡。其实双方都希望得到沟通，可是错误的沟通方法，却让误会一再产生。

很多父母们因为有更丰富的人生阅历，积累了更多的经验和智慧，往往喜欢用说教的方式和孩子交谈，希望孩子可以接受和理解自己的人生观、价值观，却忘了站在平等的角度想想孩子真正想听，真正想要的是什么。没有人喜欢说教，这样自诩为师的交流只能让孩子更加不愿意同父母沟通。

有的父母望子成龙、盼女成凤，把与子女间的交流当成了监督子女、督促子女的机会。看看国内的小学放学，接上孩子的父母第一句往往就问："今天考试了没？考得好不好？"而在欧美国家，父母往往会问："今天学校有什么新鲜事？你开心吗？"正是太强的功利心，使得与孩子的交流变成了压力，孩子自然会产生反叛之心。

沟通，必须发自真心，必须以平等和尊重为前提，只有像认真地向孩子剖析自己的观点一样认真地去听取和理解孩子的想法，才能真正达到有效的交流与沟通，从而创造良好的亲子关系。

忍让造就美满婚姻

忍一时风平浪静，换一世美满幸福。

帝王将相的时代过去了，卧薪尝胆似乎也成了故事里的典故。对于生活在高楼大厦的现代人来说，那些英雄忍气吞声甚至低声下气地蛰伏着等待机会并最终一飞冲天的故事似乎都太过虚幻了。

然而无论时代怎样变化，忍让的智慧却从未失却。只是在生活方式更加精细，人们的所思所想更加复杂的今日，忍让也不再只是粗线条的卑躬屈膝，也不再需要卧薪尝胆，而是成为生活中的一次礼让，一次宽容，一个理解的微笑。

尤其在婚姻生活中，双方的彼此忍让更是维持婚姻幸福的长久之策。

婚姻中的忍让，不是懦弱，不是屈服，甚至不是在心里暗暗积压下委屈。而是夫妻对彼此的爱的体现，因爱化解冲突的那一个瞬间的海阔天空，是一种带着宠溺般的甜蜜的骄傲——为自己有能力可以给自己所爱的人带来快乐和幸福。

很多婚姻出现裂痕，甚至最终走向破裂都是缺少了忍让的智慧。一旦咄咄逼人，势必让另一方疲于招架，于是感情变淡。而因为感情变淡，安全感便缺失，于是更加步步紧逼，更加需要紧紧抓住对方，然而结果却只能事与愿违。

李太太曾是大家众口称赞的好妻子。当丈夫决定创业时为了能让丈夫全身心地投入事业，她毅然选择辞掉了自己原本稳定的工作回家做起了全职太太。原本在工作中小有成就的她将自己的全部精力都投入洗衣做饭，照顾孩子上面。丈夫对此一直很感激她，逢人便称赞自己有一个最理解、最支持自己的好太太。李太太因放弃工作而产生的失落也在众口一词的称赞中得到了安慰和弥补。

几年后，丈夫终于事业有成。李太太被埋在暗无天日的家务活中的日子也终于熬出头。丈夫请了保姆替她做家务，可清闲下来的李太太心里却开始不是滋味起来。眼看丈夫每天奔波于各种饭局，在各种应酬之间应接不暇而鲜有时间陪伴自己，再加上电视电影里不断出现的第三者插足的故事，李太太顿时对自己的婚姻失去了安全感。

于是，为了防止丈夫出轨，李太太开始紧紧盯着丈夫的一举一动，检查他手机短信，偷看他聊天记录，核对他信用卡支出，甚至要丈夫把公司上下所有年轻女职工的资料都报备给她，还几次三番地在丈夫应酬中间突然出现，只为了确认丈夫没有说谎骗她。每次丈夫对她的无礼要求稍有不满，她就哭着骂丈夫"没良心"，反复强调自己放弃工作放弃自己的生活就是为了丈夫。

李太太再也不是丈夫曾经感激的那个理解自己，支持自己的妻子，而成为一个彻头彻尾的妒妇。

终于，在无数次的争吵甚至厮打过后，忍无可忍的丈夫终于选择了结束这段充满猜疑的婚姻。而曾为丈夫牺牲事业的李太太，也最终亲手断送了自己的幸福。

一方有所成就，另一方会产生危机感本是人之常情。而危机感一旦产生，便免不了做出很多伤害对方的行为来证明对方的感情没有改变，渴望以此来维系婚姻。殊不知，就在这个一再考验，一再紧逼的过程中，对方已被自己亲手一点点推向对立。而最糟的是，如此做的人甚至意识不到问题出现在哪里，只是觉得对方态度越来越冷淡，离自己越来越远。于是，按他们所认为的——"为了维护这场婚姻"，他们便进一步干涉对方，控制对方，成为一个恶性循环。直到一场婚姻崩溃。

诚然，能如电影中那样不分你我生死与共自然是美好的。但现实中，因为每个人的不完美，过于密切就难免有矛盾。即使是一场婚姻中，也是两个独立的个体，需要拥有相对私人的空间，需要自己的朋友、爱好以及事业。所谓己所不欲，勿施于人。没有人想成为被控制的木偶、被监督的囚犯，因此，也别做那个操偶师，或是狱卒。

感情像一盆火，适当的距离它可以温暖你，太远了会冷，太近了又会被灼伤。夫妻之间只有经过磨合调整，才能使一场婚姻达成最完满的状态。

耿先生每次有事外出都会告诉耿太太。朋友都觉得耿太太有福气，有个这样不需操心的老公。然而听耿太太讲，这也是几次的争吵才换来的。

有一次耿先生早上要出门才告诉太太他要和朋友出游。耿太太便有些生气，心想既然出游一定是早就约好的，怎么那时候不立刻告诉自己，非要临出门才说。难道有什么事想瞒着自己。

于是，耿太太拦着要出门的耿先生，非要他交代清楚。着急出门的耿先生也火了，扔下了一句"难道我的衣食住行全要跟你申请批准吗?"愤愤离去。

耿太太为此跟先生冷战了数天。耿先生见她对自己吃穿外出都不闻不问，也着急了，终于忍不住问她："你是不是根本就不关心我?"耿太太调笑着答了一句："不是衣食住行都不用我管吗?"耿先生也忍不住笑了。这一笑之后，矛盾被化解，两人也都有了默契。耿先生出行会提前报备，耿太太也不再事事追究。

爱情可以只靠激情就得以存在，但婚姻却需要两个忍让的人和两个谦卑的灵魂。夫妻之间需要给对方一些空间，也需要给对方一些安全感，只有在磨合中掌握好度，才能长久地平和幸福。

不要以爱情的名义来束缚对方，不要拿想象中的完美形象来逼迫对方。学会容忍对方的不完美之处，学会将让对方获得快乐当成自己的骄傲。两个相互忍让相互尊重的人，才能将一份健康长久的爱情维持下去。

聪明的糊涂，让婚姻更幸福

爱一个人，不仅仅在于给对方多少爱，也在于给他多少空间，多少次睿智的糊涂。

如果说忍让是种美德，那么糊涂就是种境界。忍让是在忍受对方的缺点错误后，以心胸的宽容将积郁化解，并作出礼让的回应，以此来达到家庭的和谐。忍让的前提，是已将对方的缺点看在眼里，郁在胸中，却最终可靠宽容之力涤荡。而糊涂，则是从一开始就在面对那些小毛病时睁一只眼闭一只眼，不放在心中，更不做计较。

如果说忍让中多少包含了"自我委屈"情绪在内的奉献精神，那么糊涂就是一种大智若愚，胸怀苍穹的大智慧。

而生活中偏偏有太多人活得过于精细，拿着显微镜看婚姻，看爱人。一点缺点都不肯放过，一点不满意都不能容忍。

常有大男子主义的男人对女人百般挑剔："不许大笑，一点也不端庄！""不许吃甘蔗，一点形象都没有！""走路挺起胸迈开腿，这样像什么样子！"——他却完全没想过你是不是已经穿着高跟鞋整整站了一天，小腿早已肿胀。女人对男人也同样毫不放松，从几点睡觉几点起床，一直管到每天花几块钱，下班花多长时间回家。

而在这个彼此挑剔的过程中，夫妻彼此间感受到的不是被爱和需要，而是一再地被嫌弃、被管束。而因为不甘于被对方挑三拣四地对待，便往往在被对方指责时加倍地去指出对方的不足，于是好好的家庭就开始纷争不断。两个人看到的都是对方的缺点，两个人都将争吵的起因归于对方的错误，于是谁也不肯低头道歉，一个家庭就此陷入冷战的深渊，甚至走向破裂边缘。

Arma 的丈夫在外人看来绝对是好男人的典范。他凭自己的能力白手起家，如今经营着一家效益很好的物流公司。他为人又开朗正派，喜欢交朋友且十分讲义气。最难能可贵的是，在事业上颇有成就的他还是个十分顾家的男人。每天下班回家时都开车去买菜，每次去外地出差早晚给 Arma 打电话问候，且回家时一定要给妻子带礼物。人人都觉得 Arma 嫁给这样的老公是她的福气，偏偏在 Arma 心里，丈夫有一个让她不能容忍的缺点：喜欢喝酒。为此两人经常发生口角。

一次 Arma 加班办事，丈夫原本说好在家做晚饭。可是当晚上 8 点 Arma 打开家门时，却只见家里黑灯瞎火，厨房更是冷锅冷灶。Arma 打电话找到丈夫，丈夫说有个朋友临时约他吃饭。憋了一肚子气的 Arma 直接挂断了电话。

晚上丈夫回来时身上带着酒气，人也有几分醉意。Arma 黑着脸上前就指着丈夫的鼻子破口大骂，怒吼道："你怎么不喝死在外面?!"丈夫一听也火冒三丈，马上反击也开始数落 Arma 平日里的种种不是。两个人都越吵越气，甚至到最后动起手来。

因为这次动手，两人闹起了离婚。虽然在亲戚朋友的劝解下，这场战争好不容易停止了。但是这次动手和闹离婚的阴影一直盘踞在二人中间，他们的家庭里再也没有温馨和幸福的气氛可言。

很多人说，婚姻是爱情的坟墓。却很少有人想是什么将婚姻这样本应是爱情最美满的结局变成了爱情腐败的凄凉场所。因为太过认真和计较，想把每一件事都按自己的意愿完成。以为"为了对方好"而强行要将对方改变，却不知在把对方按自己的蓝图一点点重塑的过程中，已经毁灭了原本对方的真性情，而那个曾经和自己相爱的人也在这个大刀阔斧的改造过程中被一点点地杀死了。

"眼里容不得沙子"，该是面对大是大非时的态度，如若将此当成面对一切人一切事的真理，就只能平添痛苦。尤其在家庭中，一方面因为生活空间的限制使得两个人没有了隐藏缺点的空隙，另一方面又因为人在家时的放松状态而不愿再做伪装，这时，一个事事挑剔的人就会使得家庭战火不断。眼里容不得沙子的结果，要么是被沙子划伤眼睛，要么是捂住眼睛拒绝所有的景色和清风。而一个不懂睁一只眼闭一只眼淡化矛盾的人，要么伤害自己和爱人，要么伤害整个婚姻。

有句话说得好，我们的错误，就在于对不熟悉的人太宽容，却对身边的人太苛刻。当一个人决定走向婚姻时，就该明白与自己结合的就是对方现在的模样，而不是自己心中雕刻出的完美形象。谁都不是完美的人，所以对彼此的问题，理解一点宽容一点。如果不是什么会危害婚姻的大毛病，那么还是智慧地糊涂一点，睁一只眼闭一只眼让一切顺其自然吧。只有这样婚姻才能常葆幸福。

文娟和赵刚是一对幸福的夫妻，两人过着平静安宁的日子。可是，这段时间以来，文娟总觉得丈夫有些心事，跟自己说话总是心不在焉，目光也开始躲躲闪闪。

一天，文娟洗衣服时无意中在丈夫的衣兜里发现了一封信，打开一看，竟是丈夫初恋情人乔的来信。乔在信中说，她很后悔当初选择放手。虽然已经过去了好几年，可是她始终无法忘记赵刚，也无法再爱上别人。不管两个人距离再远也好，赵刚是否结婚也好，她都要来看赵刚。

文娟知道乔，乔和赵刚从中学就在一起，一直到大学毕业，两个人在一起7年，曾爱得刻骨铭心。后来因为毕业后两人一南一北相距太远，最后乔提出结束这段感情。赵刚为此还消沉过很久。

想起丈夫的这些往事，文娟难过得直掉眼泪。她想去责骂乔不该出现在别人的婚姻家庭中，可是又想到或许她根本不知道丈夫现在已经结婚了；她想去跟丈夫对质，却又想到丈夫这段时间的表现明明说明了他心里已经经受了矛盾挣扎。再三考虑后，文娟将信放回丈夫衣兜，若无其事地继续体贴温柔地照顾丈夫。

几天后，乔果然来看赵刚了。装作不知情的文娟对乔热情招待，特地为她准备了一桌丰盛的晚餐，还给丈夫买了最喜欢的酒。文娟对乔嘘寒问暖，谈到自己丈夫就带着骄傲和赞赏的口气，并向她讲述自己现在的幸福家庭。听着妻子谈起两人生活中的种种琐碎美好，想起两人一路走来也曾经历的风风雨雨，赵刚忍不住也发自内心地向乔称赞起自己的妻子来。知道赵刚心意的乔在告别时真诚地说："祝福你，你有一个好妻子。"

面对丈夫昔日的恋人，文娟用睁一只眼闭一只眼的智慧，给了丈夫从容处理的空间，也给了让两个人的爱情在婚姻中进一步萌发的天空。

其实，婚姻中的事说复杂也复杂，说简单也简单。在处理夫妻关系时所需要的，就是化繁为简的能力，就是睁一只眼闭一只眼的大智慧。

如果沙子不可避免，就别作容不下沙子的娇嫩眼眸，而化身一只蚌吧，用胸怀包容那颗沙子，最终，那曾磨砺你们的沙子将化成璀璨的珍珠。

避开矛盾就是最大的幸福

躲开矛盾的暗礁，你就是驾驭婚姻之舟的高手。

人们常说，爱之深，责之切。对相爱的人来说，因为爱，所以不觉中将对方看作比其本身更加完美的形象，对对方怀了更高的期待。而期待一旦落空，心中的落差就难以平复。

而放到家庭中，一方面是爱所塑造出的圣像，一方面是太近的距离使得圣像被不断还愿为真实的凡人。在这个过程中,期望和现实的落差,就不断在两人中制造出矛盾。

现代家庭的组建,意味着两个生活方式、成长经历以及家庭背景完全不同的人要开始共同生活。而在"家"这个小小的空间里,所有鸡毛蒜皮问题上的不同带来的摩擦如果一再反复叠加,都可能在这有限的空间里急剧膨胀,一直到最终爆炸将一份爱情、亲情伤得片甲不留。而在这样的关系中,巧妙地退避和化解矛盾就仿佛一个泄压阀。每当矛盾产生时,若彼此都能避开冲突点,从而释放压力获得心平气和交谈的空间,在这样的家庭中,又有怎样的矛盾是无法谈开,无法解决的呢?

说到苏格拉底,他"惧内"的名声几乎和他的哲学思想一样有名。关于他和妻子,有这样一则著名的笑话以不同的语言在全世界流行着。

一次,苏格拉底正和学生们在家就一个哲学问题进行交流时,他那泼辣彪悍的妻子突然怒气冲冲地从外面冲了进来,嚷嚷着几件鸡毛蒜皮的小事把苏格拉底骂了个狗血喷头。苏格拉底并不顶撞妻子,只是和学生们说咱们去广场上接着讨论。谁承想刚刚迈出房门,妻子就一桶水从二层泼下把苏格拉底浇成了落汤鸡。在场学生都目瞪口呆,以为一场家庭大战将不可避免,谁知苏格拉底只是缕一缕湿淋淋的头发,幽默地说:我就知道雷鸣之后一定有场大雨。

苏格拉底娶了一位粗暴妻子的事尽人皆知。关于她如何对这位大哲学家动辄破口大骂甚至动手就打的故事被当作逸闻趣事传遍天下。在两人的关系中,苏格拉底一再忍耐一再退让,使得自己几乎成了历史上最有名的"妻管严"的代名词。然而苏格拉底的形象却并未因此而有丝毫的贬损,反而他在处理婚姻关系时所体现出的宽容、智慧和修养至今为后人所称道。

苏格拉底身边的朋友曾忍不住问他:"你为什么要一直容忍这样的悍妇?"苏格拉底的回答颇为深刻睿智:"擅长马术的人必要选择烈马来骑,一旦驾驭了烈马,那么其他的马就都不是问题。我如若能忍受得了这样的女人朝夕相对,那么再与天下人相处也就不是难事了。"

在苏格拉底看来，暴躁的妻子正成了考验他能否真实地实践自己的人生哲学与智慧的机会。他并没有因为妻子的蛮横就将自己也变为同样粗暴的形象。相反，他将妻子经常性的辱骂当作可以以德报怨，并以此而涤荡净化自己精神的契机。他以宽容的心胸，豁达的自嘲，平静的内心将一次次似乎势在必行的家庭危机不着痕迹地化解为幽默一笑。因为懂得避开矛盾，即使娶到一个暴躁彪悍，冥顽不灵的悍妇这样不幸的事，也在苏格拉底的睿智和宽容中变成了一件件不无快乐幸福的逸事。而一场婚姻，一个家庭，也在苏格拉底一次次巧妙地退避与化解中得到巩固。

而对于接受过完善教育的现代人来说，苏格拉底妻子这样的形象已不太常见了。如今家庭中的矛盾，更多只是单纯的生活习惯与处世态度的不同所带来的冲突。其实很多时候，只需说话前冷静十秒钟，心平气和地坐下来谈谈，就会发现，本以为十分严重的矛盾，也不过是荷包蛋的甜咸之争，实在没有动气的理由。

生活本就充满了不同，充满了摩擦。如果在家庭中，能在不同和摩擦发生时，不要激化矛盾，不要赌气放重话，而以宽容、豁达和平和的态度面对彼此，幸福生活的智慧，就蕴含其中。

爱，就是那一瞬间的低头

这一瞬间的低头，换来两颗心一生一世的爱恋。在真爱面前低头，值！

多少夫妻在恋爱时亲密无间无数次地幻想和期待着共同生活，却在婚后因为对各自生活方式的坚持和固守而爱情破裂甚至反目成仇。本应用于对待敌人的"宁折不弯"的态度被他们放在了婚姻生活中用来对付所爱之人。因为没人肯为了这份爱情而低下自己骄傲的头颅，于是"不弯"的代价就是最终拦腰折断了他们的爱情之树，婚姻之树。

幸福的家庭中，每个人都或多或少地做着为爱低头的那个。家庭生活中的大多事本身都并无对错，不过是口味甜咸之别，因此，本没必要事事都争个对错。低头，是一种处世的智慧与境界。

一对如今已金婚的夫妻讲起自己的过往时说，曾有一个晚上，彻底改变了两人的命运。

1983 年的冬天，他们的感情生活也走到了寒冬。因为成长环境不同带来的无尽争吵让两个人面对彼此时再也感受不到温暖。在面对已处于破裂边缘的婚姻时，他们没有直接选择放弃，而是决定做一次浪漫之旅。如果他们能在这次旅行中找回昔日的爱情，他们就回来继续生活，如果不能，就友好分手。为此，他们来到了恋爱时就曾向往的加拿大魁北克滑雪。

在他们滑雪的山谷里，并没有特别的风景，只是细心的两个人注意到山谷西面的坡上长满了各种松柏、女贞等树木，而与它仅一谷之隔的东坡却只有雪松。夫妻俩对这样奇妙的自然现象着了迷，却查了很多资料都没有找到解释。

直到准备回国前的那个晚上，这对依然没有重燃爱火的夫妻决定支帐篷在这山谷中度过两人婚姻生活的最后一晚。夜里，天气突变，山谷中突然下起了大雪。夫妻俩望着漫天飞舞的大雪，突然发现，山谷的东坡是迎风坡，不过一会儿时间，东坡的雪松上就落了厚厚的一层积雪。

就在两人心想这样大的雪怕是要把树枝压断时，只见雪松那富有弹性的枝丫优美地弯曲下来，直到积雪从枝干上滑落。就这样，每当树枝上积了足够厚的雪，树枝便躬身将积雪掸落，如此反复。不知不觉中，地上的积雪已没到人的大腿，树却可以完好无损。

发现了这一现象的妻子对丈夫说："东坡一定也长过别的树，只是因为不会弯曲，再大的风雪都硬扛着，所以被雪摧毁了。"丈夫点点头："如果能谦卑地低头，再大的风雪也能度过的。"

两个人沉默了片刻，各自眼中闪着泪光，终于紧紧拥抱在一起。而以后的30年里，虽然摩擦和争执依然不时出现，但两个人都学会了向对方低头，感情的危机再也没出现过。

婚姻，本就是两个原本独立无依的生命组成一个坚韧的共同体，一起承受风雨。坚韧的感情，当是可以傲然挺立，也可以优雅弯曲的。当面对婚姻的压力时，学会像雪松一样，带着优雅从容地低头，才能不被压垮。

太多时候，在生活节奏不断加快，竞争压力不断加大的现代都市生活里，胜负的概念被无限次地放大，人人都怕落后，人人都怕吃亏。却忘了先人"吃亏是福"古训里的智慧，甚至人人皆知的"孔融让梨"的故事，离开幼儿园后，就不太会被谈起。就是带着这样争胜的心态，生活的空间被压缩得越来越逼仄，人际关系也越来越紧迫，心理疾患也开始肆虐现代人。而如若在本应成为避风港的家庭中也放不下这样的心态，那么家，便会成为争吵的战场。只有两个人都心怀谦卑的爱情，都对彼此怀有温柔的感激，都肯为了让对方获得快乐满足而适时低下自己骄傲的头颅，这样每个人都处在让对方感到幸福而骄傲的家庭氛围里，幸福便不再是奢侈品，而成为唾手可得的从容美丽。

徐志摩在他的诗歌《沙扬娜拉》里颂扬"最是那一低头的温柔"。在婚姻家庭生活中，那一个低头的瞬间，所蕴含的远远不止一个温柔女性的倩影，带来的也远远不止一个男性在记忆里的赞颂。不管是男人还是女人，当我们向对方低头时，我们许给对方的，是我们全部的爱与理解，是许给对方一个更加温柔宽容的未来。而两个相互低头的人，所建筑的，是一个满怀谅解和关心的温暖世界，是我们闯荡社会，经历世态炎凉之后，依然可以温暖彼此脆弱内心的力量。

在欣赏中绽放爱情的花朵

没有人是完美的，然而婚姻的魔力就在于，通过两个相互欣赏的不完美的人，最终成就一份完美无憾的感情。

小时候童话教育我们：就算你是羊倌，也可以娶到公主，就算你是灰姑娘，也一样会嫁给王子。后来电视剧告诉我们：就算你一无所有，也会有温柔贤惠美丽的女人属于你；就算你一无所长，也会有英俊潇洒的富家公子不顾一切和你厮守到老。童话也好，电影电视也好，虽然套路不尽相同，却总在编织着同一个梦境：无论你是什么样的人，总会有一个完美的人在不远的未来等你。

谁都知道现实中完美的人是不存在的，然而具体到爱情中却偏偏变得盲目。大抵是因为从小到大童话和电影里的完美爱情在十几二十年对爱情的幻想和憧憬中发酵得太过梦幻，于是难以甘心将内心日复一日年复一年构建起的奇幻爱情轻易套在一个现实而凡俗的人身上。

在每个人心中，或许都有一个完美伴侣的形象，男人期望一个温柔贤惠美丽懂事的妻子，女人向往一个成熟稳重事业有成的丈夫。而现实中完美的人却是不存在的。当爱情降临时，新鲜的激情可以让人暂时忽略那些不完美之处，然而一旦爱情走入婚姻，当激情落入寻常的柴米油盐之后，一份感情维持多久，一场婚姻能否幸福到老，很大程度上就取决于一个人在多大程度上能宽容自己的伴侣和自己所理想的不同，能够欣赏并不完美的伴侣身上的闪光之处。

婚姻，是将两个有着几十载不同人生经历的人结合成为没有血缘的亲人。和谐的婚姻关系，当是夫妻二人相互分享彼此不同的人生智慧，相互欣赏对方独特的闪光点，相互包容对方的不完美。而糟糕的婚姻，便是将对方看成自己心中完美形象的替代品，非要按照自己心里完美的标准来改造对方，却不知道，正是在这个改造的过程中，夫妻间的矛盾就一再产生。

陈薇和担任某企业总经理的前夫离婚两年后再婚，如今的丈夫却只是一家公司的普通职员。面对别人的不理解，陈薇解释说："现在的丈夫爱的是真正的我，而前夫却只是爱着他想象中的我。"

陈薇和前夫在一起时，每天都被丈夫所立的各种规矩管得严严实实的。丈夫认为女人应该端庄稳重，多注意形象，无论在哪里都是如此。为此陈薇出门永远都穿高跟鞋，即使她要在摇晃的公交车上站一个小时，或者提着买的菜走半个小时；陈薇永远都要比出门时间提前一个小时起床化妆，无论前一晚忙到几点；为了在同事面前树立一个自己的妻子是"大家闺秀"的形象，有应酬时，丈夫都规定她不能转桌子的转盘而只能吃面前的菜。结婚 5 年里，因为丈夫的要求，她不能大声笑，不能切半个西瓜用勺子挖着吃，甚至不能躺在沙发上看电视。她的衣橱里只有丈夫认为显得"成熟稳重"的黑白灰色。每当她稍有抱怨，丈夫就嫌她不够贤惠，不够端庄，不像一个好妻子应该有的样子。

终于，不能忍受丈夫对于自己生活的一再干涉与限制，陈薇选择了结束这段充满束缚，仿佛枷锁般的婚姻。

陈薇说："我的前夫把我当成了一件'半成品'，总是想方设法雕刻我，改变我。和他在一起时，我每天都勉强自己装成一个根本不是自己的人，虽然丈夫暂时满意了，我却活得很痛苦。而我现在的丈夫把我当成一件完成好的'艺术品'，总是带着欣赏的眼光看我，虽然我知道我远不完美，可是在他眼中，我却比世界上其他人都更完美。"

婚姻不是感化院，也不是供修剪的盆栽，很多人想要像修剪花卉一样来雕琢对方，让对方符合自己理想中的形象。为了达到这个目的，他们以婚姻的和谐为要挟，逼迫对方去摒弃之前几十年人生里慢慢积累出的生活方式。他们将自己放在高高的"正确"的宝座上，把性格不同、习惯不同造成的分歧当成错误和病变进行手术。只是谁又可以忍受在未来漫长的一生里假扮一个不是自己的角色，永远生活在被审视、被挑剔的目光中呢。于是，结婚时的"性格互补"变成了离婚时的"性格不合"。

正如陈薇所说，每个人都是一件艺术品，而非半成品。所需要的，是欣赏而不是雕刻。婚姻的双方，并非园丁与花卉的关系，也不是老师和学生。婚姻应该是一间自习室，两个人一起共同学习怎样去体验一份感情，怎样获得带给彼此幸福的能力，怎样成为让对方欣赏的样子，同时，更重要的，是怎样去欣赏对方的美好，怎样去宽容对方的不完美之处。

尊敬带来婆媳、岳婿的和睦

恋爱是两个人的事，可结婚就是两个家庭的事。夫妻二人要面对从两个不同家庭中承袭下来的不同生活习惯带来的摩擦本就不易，若再加入公婆、岳父母，家庭关系的处理就更加复杂，稍有不当，便会引起家庭失和，甚至导致婚姻破裂。

婆媳、岳婿的冲突起因千头万绪，但归根究底，其实都是对于对方没有符合自己心中的标准而心有不满。公婆希望自己的儿媳温柔贤惠，勤劳节俭，吃苦耐劳；岳父母希望自己的女婿踏实可靠，有责任心，有事业心；而做媳妇女婿的，又希望公婆岳父母通情达理，宽容体谅，不干涉小夫妻间的事。这些标准虽然并不苛刻，但因为天天相见，就连偶然一次的粗心或放纵都没了掩藏之处。

就连父母子女之间尚且常常有冲突，何况作为外人加入另一个家庭生活的媳妇或女婿。父母和儿女之间吵了嘴，过一会儿也就忘记了，但一旦婆媳之间、岳婿之间有了矛盾，因为少一层血浓于水的骨肉之亲，少一层在从小到大成长中建立起的相互理解，这些矛盾就容易积累下来，而难以化解了。

如果不去处理好这些小的矛盾，一旦双方耿耿于怀，那么整个家的亲情和爱都会流失。在剑拔弩张的家庭气氛里，谁也无法活得幸福快乐。而要营造一个和谐幸福之家，每个人的相互尊重都是不可或缺的。

作为小学教师的韩璐璐是个知书达理的温顺女人，在朋友邻居中人缘也一直很好。可是却一直得不到婆婆的欢心。婆婆是农村女人，地里的农活都做得下来，在她眼中，韩璐璐太过斯文，没法吃苦，这样的妻子不仅照顾不好丈夫，还要给家里增添负担。

璐璐心里自然委屈，可是委屈归委屈，通情达理的她却从未在丈夫面前抱怨过半句，对公公婆婆也是几年如一日十分地尊敬。

有一次婆婆生病住院，璐璐每天下班都会变着花样地炖上鸡汤、鱼汤或者骨头汤。无论婆婆想吃什么，再远她也会跑去给婆婆买回来。婆婆难受呕吐时，她就默默清理，眉头都不皱一下。看着瘦小的韩璐璐日夜操劳的样子，婆婆这才开始意识到在这个斯文的女孩体内，装着一颗坚强勤劳的心。

这件事让婆婆看待她的眼光有了变化。而真正让婆媳关系得到彻底改变的，是婆婆从小区邻居那里听说的事。

平常韩璐璐和丈夫上班，婆婆就每天在小区里和邻居聊天，一位姓蒋的大妈常常和婆婆一起抱怨各自的儿媳。可是这段时间蒋大妈已经连续两个星期没在小区里出现了。婆婆去打听蒋大妈的情况，才知道原来蒋大妈的儿媳受不了婆婆的苛待，和丈夫离了婚，法院又把孩子判给了儿媳。受不了家庭破裂妻离子散打击的儿子竟然选择了自杀，虽然幸运地被救了回来，却患上了抑郁症，需要人 24 小时看守以防他轻生。

听说了蒋大妈遭遇的婆婆吓出了一身冷汗，这才意识到自己对于儿媳妇的态度可能带来怎样的后果。汲取了蒋大妈教训的婆婆从此再也没有挑剔过儿媳，而是像儿媳尊重自己一样地尊重儿媳，而整个家庭也从此享受到了其乐融融的幸福氛围。

尊重，是化解人与人之间矛盾与隔阂的最有力武器，而只有双方表现出相互尊重的态度，才能带来家庭的和谐与幸福。

对于儿媳、女婿来说，作为晚辈，理当尊重公婆、岳父母。他们曾经省吃俭用起早贪黑地为你所爱的人撑起一个家，千辛万苦地将一个一无所知的婴儿培养成你所爱的那个人。在把那个人交到你手里之前，他们付出过那么多，而你所要做的，就是给予他们尊重。不要轻视他们在漫长的人生阅历中积累出的经验和智慧，不要厌烦他们在把他们半生心血交给你后忍不住地反复叮嘱，不要因为不同时代造成的不同生活习惯就对他们心怀愤懑。要知道，他们的出现对你来说，只是生活习惯的小小改变，而对于他们来说，却是将自己生存的意义都拱手交付于你。

对于公婆、岳父母来说，也要同样地尊重儿媳、女婿。要知道，你对于儿媳或女婿的每一句不满的言语，都是破坏自己骨肉婚姻幸福的一把刀。当孩子步入婚姻之后，他就不再只是你的孩子，也是别人的妻子、丈夫。他不只是你的骄傲，也将与自己的伴侣一荣共荣，一损俱损。当你挑剔非难他的伴侣时，也就是将你的孩子置于一个不快乐的爱人面前，置于一场不幸福的婚姻当中。最终获得的，只能是孩子的埋怨，家庭的纷争。

有这样一对夫妻，双方都是独生子女，每年大部分时间都分别陪两家的老人同住却从未发生过矛盾。问他们和公婆以及岳父母相处的秘诀时，妻子"嗤"一声笑了，说道："每次当和我爸妈住时，都是他做家务；而和他爸妈住时，都是我做家务。我们的爸妈见对方懂事又勤劳，都对对方十分满意，也就会心疼对方，所以看到对方做家务就要抢来帮忙，结果就是每个人都很幸福。"

其实和谐和幸福就是这样简单，相互的尊重，相互的体谅，带来的就是健康和谐的家庭关系。人心都是肉长的，在这样互敬互爱的气氛里，谁会不对彼此心怀感激呢？而一个相互心怀感激的家庭里，即使有分歧，也再没有化解不开的矛盾。

你付出的尊重，都将在整个家庭里，成长为爱，丰收为幸福。

妯娌相处，少一点计较

面对妯娌，请保持一颗豁达的心。你善待的，不只是妯娌，还有丈夫，还有自己。

在由婚姻所构建出的各种亲属关系中，妯娌之间似乎一直都存在一场女人间的战争。"亲兄弟，仇妯娌"，剑拔弩张甚至干脆大动干戈的妯娌关系在现实生活中见怪不怪，几乎成了人际关系的一条准则。

奇怪的是，两个陌生的女人，如果在其他境况下相识，也许会成为要好的朋友，亲密的姐妹。可是一旦以妯娌的身份相遇，就免不了上演一出相互计较，相互诋毁的战争场面。以致人们都说，妯娌间天生就是有仇的。

天生的仇当然不存在，其实一切矛盾的根源就在于心胸不够开阔，遇事斤斤计较。

对中国人来说，结婚也叫"成家"，既然要成立新的家庭，就涉及从原先的家庭中分立出来。而在中国传统思想中，父母的财产要由儿子继承，于是在同丈夫另立门户的过程中，很多女人就以替丈夫多争取家产为己任，在心里打起了小算盘。对于男人来说，面对的毕竟是养育自己的父母和情同手足的兄弟，往往不愿在家产的问题上太过纠缠。而对于他们的妻子来说，她们在这个家庭里所爱的人只有自己的丈夫，于是，从其他人手中争来尽可能多的份额让丈夫过得更好，对她们来说似乎也是心安理得之事。而当一个家中每个兄弟的妻子都这样想时，妯娌间的仇恨就产生了。

薛宗和薛刚是两兄弟，两人从小就关系很好，几乎到了形影不离的地步。长大后，兄弟俩合伙开了一家小饭店。因为饭店临近学校，兄弟俩给的饭量足，饭菜做得又美味，兄弟俩的生意很快红火起来。几年过去，当初的路边小铺变成了亮着霓虹灯的大饭店，兄弟俩也不需要再亲自下厨，而是穿起西装打起领带坐在了办公桌后面。

在事业成功之后，兄弟俩也终于先后成了家。但在结婚的喜悦过去之后，兄弟俩就发现，共同经营的事情不再像以前那么简单了。

以往在利润分成的时候，兄弟俩总是看谁有需要用钱就让谁多拿点，从来不认真计算。可是现在不行了，兄弟俩必须把每一分钱都算得清清楚楚的，否则回到家里老婆定会闹得鸡飞狗跳。其实若只是要求亲兄弟明算账，兄弟俩也不至于头疼至此，最让他们烦恼的，是原本无冤无仇的两妯娌都把对方当成敌人来看。每次见面都话里带刺、恶声恶气，而私下里又各自向老公抱怨对方的不是。而兄弟俩每次想劝妻子几句，可刚一开口，妻子就会开始大吵大闹。到后来，两妯娌都开始各自劝自己的丈夫别再和兄弟合伙做生意。

因为承受不了老婆的压力，兄弟俩只好商量着把生意分开，可是这一来，两个女人又为了饭店的经营权吵得天翻地覆，各自逼着丈夫一定要把经营权抢到手，丈夫若表现出一点犹豫，便大骂丈夫"没出息"。吵了半年没吵出结果，而饭店的生意也一直耽搁着不能开门。薛宗终于忍受不了这样的日子表示不愿意再争经营权了，妻子就威胁薛宗要离婚。忍无可忍的薛宗再也受不了这样的日子，便狠狠答道："离就离。"

结果，一个好好的家庭就这样破碎了，而薛刚接手店面后，由于之前半年停业时的欠债数额巨大，又没了哥哥的帮衬，这家曾红火一时的饭店也在艰难支撑了一年之后就关门了。

俗话说"家和万事兴"，如果妯娌间能和和气气地相处，辅助丈夫好好地经营饭店，那么，现在薛宗应该还有幸福的婚姻，而兄弟二人的生意也早该做得更大。处理妯娌关系时，作为女人，一定要把心胸放宽一点，和气生财，说的正是这个道理。而作为男人，也要学会聪明地调节妯娌间的关系，人心都是肉长的，你以真挚的兄弟深情来感动妻子，妻子自然能体谅你的苦心；若你以为在妻子面前夸另一个女人的好话能说服妻子，那么只能加深妯娌间的仇视。

妯娌的矛盾，并非不可化解，这和解所需要的，是两个心胸开阔的女人，和两个聪明的男人。当两个女人你敬我一尺，我敬你一丈时，关系自然可以缓和；而当两个男人都将兄弟的恩惠讲于妻子时，对兄弟心怀感激的妻子，又怎能与妯娌为一点小利争得面红耳赤呢。

家是世界上最温暖的地方，只有处理好和家里每一位成员的关系，才能营造出一个和谐美满的家庭氛围，而斤斤计较的家庭只会让每个人都辛苦不堪。

第六章

情感，以真挚为贵

　　人与人之间最美好的联系就是情感。它让我们互相牵挂，互相温暖，无论有多少伤害、痛苦，最后都会化作心底最美好的部分，成为我们一生前行的力量。更有那一路上的扶持、关怀与分享，在每一个夜里，点亮我们的内心，让你的一切都变成值得，从此不再孤独。

亲人是我们永远的精神支柱

世界上没有哪一种情感比亲情更恒久、更无私、更深入骨髓。

亲情是世界上最和煦的春风，最温暖的炉火。无论我们已离家多远，无论我们事业是否有成，无论我们是否曾在人生的道路上走入歧途，亲人始终以关怀的目光注视我们，敞开家门等待接纳我们，在温暖的微笑中为我们掸去满身的铅尘。

有家的人是幸运的，无私而无条件的关爱早已被注入我们的血液之中。有句话说得好，亲人就是，当别人都在问你飞得高不高时，他只问你飞得累不累。无论你成功与失败，幸运与不幸，富贵或贫穷，亲人始终在你身后无条件地支持你，永远为你提供一个可供栖息的港湾。

有一个5岁的小男孩，天生就喜欢穿裙子，为此，他常常遭到同伴和陌生人的嘲笑。小男孩为此很苦恼。他想不明白既然自己并没有伤害到别人，为什么别人却要这样对他，为什么他就不能按自己的天性来生活呢？

看到儿子的苦恼，小男孩的爸爸做了一个勇敢的决定：以后爸爸陪你一起穿裙子。对于别人不解的眼光，爸爸解释道："因为穿裙子不会伤害别人，却可以给他带来快乐，我不希望因为世俗的眼光就剥夺儿子的快乐，所以我愿意支持他。"

以后，再遇到有人嘲笑小男孩时，小男孩终于可以昂首挺胸地反驳："你只是不敢穿裙子而已，不只你，连你爸爸也不敢穿呢！"

"滴水之恩，当涌泉相报。"只是有些时候当整个太平洋的水都被奉在我们面前时，却突然不知道该如何报偿，又似乎错觉这本是理所应当。

我们是否在父母生日时陪在他们身边——像他们曾经对我们所做的那样？我们是否可以不厌其烦地一遍遍教他们操作电脑——像他们曾教我们说话时那样？我们是否体察得到他们的失落，分享他们的幸福，在他们需要时出现在他们身边——就像小时候我们哭泣时，他们神兵天降地出现一样。

现代社会快节奏的生活使得独生子女承受着巨大的经济压力。于是很难在繁重的工作之后再分出更多的精力来给予父母足够的关注。其实父母需要得很少，他们并不想占据儿女大量的时间和精力，他们所渴望的，不过是每天花两分钟时间打个电话的问候，只要生日时的一张卡片或者一朵鲜花，甚至只是一个温情的微笑，一个理解的眼神。这些要求其实很低，其实都很容易做到，只要我们怀有一颗感恩的心，就可以给亲人带来无尽的温暖。

刘海和妻子都是家中的独生子女。两人十年寒窗，从各自老家考到了北京的大学，毕业后，他们不仅在北京找到一份体面的工作，还组成了一个幸福的家庭，并生了一个懂事听话的儿子。

然而，京城的生活压力再加上夫妻俩要肩负四位老人的养老责任让两个人都有些透不过气来。为了解决经济上的巨大压力，两个人都只能一再加班，将心放在工作上寻找升迁加薪的机会，别说回家乡看望父母，连夫妻间一起坐下吃顿饭的机会都很少。

每次给家里打电话时，刘海的母亲都会问："你这周末有时间吗？能回家坐坐吗？"可是刘海总是以加班为理由推脱。这样的对话刘海已经记不清发生过多少次了，每次总是以母亲通情达理为结束："没事，你忙就安心工作吧。我和你爸都好。"

终于，刘海的工作获得升迁，他拥有了半个月的年假。就在刘海喜滋滋地规划带妻儿回家看望父母的行程时，突然接到父亲的电话：你母亲生命垂危！

　　刘海没有想到，母亲早在半年前就查出了癌症。然而总是听到儿子加班，忙，压力大。善解人意的老母亲每次想要告诉儿子这个噩耗，却都开不了口，她不忍心再给儿子本来就辛苦的生活再加上负担。只是她忍不住盼儿子回来陪陪自己，可是刘海总有无法回来的理由。做母亲的，哪个不把儿子的生活放在自己的生命之前。于是母亲只好一次次在失望中黯然挂断电话。

　　面对着躺在病床上，瘦弱得不成人形的母亲，刘海心如刀割，他悔恨自己当初的无知和自私。其实他本可以哪怕只偶尔拒绝一次加班回来陪陪母亲，其实他本可以哪怕每年只接母亲去北京同住一个月。刘海一直以为自己在北京省吃俭用地度日，却寄足够的钱给母亲就是孝顺，可是现在刘海才知道自己错得离谱。

　　父母要的，从来都不是富足，不是奢侈的生活。他们所渴望从儿女身上得到的，只是最简单最真挚的一点关怀、一点陪伴。在我们幼小得尚无法在这个大大的世界里生存时，是他们为我们隔开了全世界的风雨；而当他们苍老，再也无法承担这个世界的风雨时，他们需要的，只是来自我们的一点温暖的火苗。

　　子欲养而亲不待。这短短一句话里包含了人世中最残酷最无可挽回的悔恨，有些事可以等，孝敬父母却不是其中之一。

　　趁父母还健在，常回家看看他们吧。常回家看看，给他们真挚的亲情，就是他们付出半生心血，所期待的唯一回报。

百事孝为先

从小到大，父母就在我们的生命里倾注了无尽的爱和祝福，给了我们一生中不可替代的东西——生命与关爱。孝敬父母是我们首先要做好的。

有人说："不养儿不知父母恩。"父母将全部的爱都无私地奉献到我们的身上，世界上最关心最爱我们的是父母。

可是我们呢？总是在强调自己的酸甜苦辣，却忘记父母比我们受到更多的苦；总是强调着自己对生活的无力，却忘记父母也如同我们一样在生活。要知道，父母为了我们在艰辛而坚强地生活。

从前，有一个年轻人，从小就与母亲相依为命，生活相当贫困。年轻人觉得自己生活得太糟糕，整日唉声叹气，郁郁寡欢，还不停地抱怨母亲。而母亲不但默默地承受儿子的指责，还要照顾儿子的衣食住行。

有一天，年轻人听别人说起远方的山上有位得道高僧，便想去向高僧讨教摆脱苦恼、快乐成佛之道。他一路上跋山涉水，历尽艰辛，终于在山上找到了那位高僧，虔诚地向高僧说明自己的来意。

高僧热情地接待了年轻人，说道："看你如此虔诚，我可以给你指条道。你即刻下山，朝着家一直走去，但凡遇有赤脚为你开门的人，这个人就是你所谓的佛。从此，你只要悉心侍奉，拜他为师，那么快乐成佛就是非常简单的事情！"

年轻人听了非常高兴，谢过高僧，欣然下山了。

第一天，他投宿在一户农家，他仔细看了看，男主人没有赤脚。第二天，他投宿在一座城市的富有人家，还是没有人赤脚为他开门。他一路走来，投宿无数，但是一直没有遇到高僧所说的赤脚开门人。

渐渐地，年轻人对高僧的话产生了怀疑。快到自己家时，年轻人已经彻底失望了。日落时，他没有再投宿，而是郁闷地往家走去。到家门口时已是午夜时分，疲惫至极的他费力地叩响了门环。

屋内传来母亲苍老惊悸的声音："谁呀?"

"是我，妈妈。"年轻人沮丧地回答。

很快，门打开了。这时，年轻人一低头，蓦地发现母亲竟赤着脚站在冰凉的地上! 原来，母亲一直在等着儿子回家，听到儿子的声音时，即刻起床，跑过来给儿子开门，连鞋子都没有顾上穿。

刹那间，灵光一闪，年轻人想起高僧的话，突然什么都明白了。母亲为自己做了那么多的事情，给了自己那么多的爱，自己居然还要去寻找佛，年轻人心生愧疚，泪流满面，"扑通"一声跪倒在母亲面前。

父母是我们人生的第一任老师，从我们呱呱坠地的那一刻，我们的生命就倾注了父母无尽的爱和祝福。或许，父母不能给我们奢华的生活，但是，他们给予了我们一生中不可替代的东西——生命与关爱。

"慈母手中线，游子身上衣。临行密密缝，意恐迟迟归。"多么真实的生活写照，它道出了所有父母的心声。可是我们呢? 总是认为这份爱是理所应当的，儿行千里母担忧，而母在千里儿不愁，我们对得起父母的养育之恩吗?

特别是参加工作之后，结婚之后，"忙"、"忙"、"忙"，成了我们拒绝回家看望父母的理由。于是，有了那么多的空巢老人，他们每个周末都盼望在外的游子回家看看，可是每次都望穿秋水一场空。

她从小生活在单亲家庭，5岁时父母离异，从此跟着母亲生活。

母亲视她为生命，中学的时候，离家住校，每天都要给她打几个电话。

"下雨了，带把伞。"下雨的时候。

"天冷了，加件衣服。"天气突变的时候。

"多吃点饭，别光想减肥。"快要吃饭的时候。

她不胜其烦，每一次接电话都会嚷嚷："妈，我又不是3岁的孩子，我懂得自己照顾自己。"

忽然有一天，母亲的电话没有准时打来，她的心慌了，打家里电话，无人接听，她手足无措。后来，阿姨打来电话，说她的母亲病了，目前在医院。

母亲患的是绝症，最终离开了她。

有一天下雨时，忘带雨伞的她走在雨中，当冰凉的雨滴打在她脸上的时候，她一下子想起了母亲，眼泪止不住地流了下来。那一刻她终于明白，世上最爱她的人已经去了，然而母亲在活着的时候，她却不曾珍惜。

对于父母，相信每个赤诚忠厚的子女并非没有孝敬之心，在拼搏奋斗的生涯中，我们也肯定不止一次地想过父母，可是我们常犯的错误是：等我有了钱一定好好孝敬他们，等我买了大房子一定接两位老人来住，让他们享受天伦之乐……

殊不知，"树欲静而风不止，子欲养而亲不待"，有些事可以等，但是世事不尽如人意，对待父母的爱，孝敬父母是不能等的。否则，我们的事业再红火，挣的钱再多，那时再回来看他们时，往往会产生一些歉疚，有些事过去了是没法补偿的，会令我们一辈子不能释怀的。

比尔·盖茨曾这样说过："在这个世界上，什么事都可以等待，只有孝是不能等的，时间如水，在我们的一生中总是有很多的事情要忙。我们总是想等闲暇了再承欢膝下再侍奉他们让他们安度晚年。可是当我们拥有可以孝顺父母能力的时候，而这个时候父母恐怕已经无福消受了。"

父母的爱是无私的，我们应该珍惜父母伟大的爱。我们总是在强调自己对生活、对未来的构想，却忘记了，未来的生活因有了父母所给予的一切才变得更加触手可及，才变得更加美好幸福。

所以，无论你在天涯还是在海角，无论你在忙东还是在忙西，别忘了抽出时间，常回家陪陪父母。不要再总是有意无意地找出各种理由，说实在没时间陪陪父母，虽然他们永远不会怪罪我们。

趁我们的父母还健在，常回家看看他们吧！

父母是我们永远的守护天使，家是我们每一个人幸福的港湾。在这里，我们相知相契、相濡以沫，把责任与义务紧紧相连。要知道，父母住在哪里，哪里就是我们的家，就是我们永远的驿站，就是我们永远温暖的港湾，纵然我们远离家乡、浪迹天涯，然而我们的心永远走不出那个家，何况父母也因为我们的忙碌而生活在期盼和等待之中……

有了子女的陪伴，父母便会感受到心灵的舒畅和心境的快乐，而他们的爱也有了实际着落。当我们陪伴父母时，他们便会感受到我们的挂念和关爱，从而在心中洋溢着一股别样的幸福。

为人子女，仅仅有孝心是远远不够的，能使父母感受到关怀，则必须是那种体贴入微的孝行。比如，听从父母的教导，关心父母的健康，分担父母的忧虑，参与家务劳动，做几道父母爱吃的菜，买些新鲜的水果……

正如《常回家看看》里唱的那样："找点空闲，找点时间，领着孩子常回家看看，带上笑容，带上祝愿陪同爱人常回家看看。妈妈准备了一些唠叨，爸爸张罗了一桌好饭。生活的烦恼跟妈妈说说，工作的事情向爸爸谈谈。老人不图儿女为家做多大贡献，一辈子总操心就为了平平安安。"

珍惜与父母在一起的每一分每一秒，享受亲情的关爱和满足。不要总是想着自己享受生活，抽出时间为父母做几次饭；不要总是看自己喜欢的肥皂剧，留点时间倾听一下母亲对生活琐事的唠叨……

朋友，如果你的生活空间很大，那么请为你的父母留下一块吧；如果你的生活空间狭小，那么也请尽量给父母挪出一角吧！要知道，常回家看看，不需做多少事情，不需花多少钱，也不需花太多时间。

能够在一起，就是最好的享受

珍惜眼前人，能够在一起时，尽情享受你与他的幸福。

《诗经·邶风》中有言："死生契阔，与子成说；执子之手，与子偕老。"在这简单而质朴的文字里，你可曾体会到深藏的内蕴？

"执子之手，与子偕老"并非每个人都能说出口的，不是不敢说，是说不起。这八个字看起来似乎简单，却蕴含着深沉的信仰。它并不只是一种单纯的语言承诺，而是在千万人之中、在时间无涯的芳草地上，没有早一步，也没有晚一步，恰巧被我们遇上了的人。不需要太多的言语，有的只是默契。能够在一起，就是最好的享受。只需轻轻地一握，就这样牵着对方的手，一直相扶着走向永远。

茫茫人海中，我们与亲密的知心爱人相遇、相知、相契，并且相伴一生，是缘分，也是福分。只有那些在爱情道路上彼此搀扶走了很久的爱侣们才能切身体会到那句人们经常提起的话：两个相爱的人相处得久了，浪漫的激情会被现实的温情所代替；爱情也会变成亲情，曾经甜蜜的爱侣最终会成为至亲的亲人。这并非是说爱情不能持久，更不像有些人所说的"婚姻是爱情的坟墓"。事实上，当爱情蜕变为亲情的时候，爱侣之间的这种亲密感情往往更加坚定，也更加懂得相互理解、彼此鼓励。

可是，虽然知道这种福缘的可贵，很多时候我们却不懂得珍惜和经营。年轻人在初涉爱河时，彼此之间充满了甜言蜜语、海誓山盟。在彼此的眼中，对方全身都是优点；即使偶然发现一些缺点，也觉得是可爱而微不足道的。然而，在步入婚姻殿堂之后，曾经的花前月下逐渐被生活琐事所替代，曾经的海誓山盟也逐渐被柴米油盐所更换。于是，我们便开始要求对方有更多的理解、更多的照顾、更多的疼爱……总之，我们一切的要求都更多了。其实，对方没有变，变的只是我们自己内心不再简单的欲望。

实际上，抛开所有的一切，只要人在一起，不就已经是最好的享受了吗？因为在一起才互相有了默契，因为在一起才有了共同的许多东西，因为在一起才拥有了快乐和幸福。无论贫富贵贱，无论摩擦吵闹，只要在一起，那都是一种幸福。

每天晚饭后，小区花园里都会有附近的居民聚在一起跳交际舞。在为数并不太多的舞者中，有一对中年人总能吸引人们的目光。

他们衣着俭朴，甚至可以说有些过时。他们相拥融入那些西装革履、翩翩裙裾之中，显得是那样格格不入。男人个子不高，头发倔强地立着，显出一副掩饰不住的沧桑；女人与男人身高相仿，舞步娴熟，神态自若。如果不是旁边有人悄声议论"你看那个双目失明的女人跳得多好"，几乎没人能猜测出她是个盲人。

一曲终了，他们相携走到亭榭边稍事休息。舞曲再起，是优雅的中三。女人抬起双手，在空中虚无地寻找着什么，待男人一手搭上她的肩，一手与她相握时，女人平静的脸上浮现出一丝不易察觉的微笑。那一刻，女人脸上堆满了幸福。

后来才得知，那男人是走街串巷收废品的，收入微薄，无钱娶妻。女人因为双目失明，无所依从。他与她在某一刻相遇，之后两人相守，各自便都有了依靠。

此后的每个黄昏，都能在小区的花园里看到他们。虽然，在偌大的舞池中，他们的舞姿也许不是最美的，但一定是最幸福的。

那么，对于这对男人和女人而言，幸福的标准又是什么呢？

他奔波忙碌了一天，赚到十分微薄的生活费。然后，在灶间忙活一阵，端给她一碗粥或是一碗面，捎带一碟素淡的青菜。那一刻，她是幸福的吧？

他在走街串巷时想着家里的女人。收工回家时，看到女人靠在门边，含笑向着他回来的方向，鬓边的一缕秀发在清风中稍显凌乱。那一刻，他是幸福的吧？

晚饭后，他牵起她的手说，走，我们跳舞去。那一刻，他们都是幸福的吧？

其实，幸福的答案千千万。当女人再次信任地把手伸向男人，之后，他们执手滑入舞池，翩翩起舞而相对无言，共同舞动出今生今世的默契和平淡的幸福时，我们便知道，一句简单的"执子之手，与子偕老"便是最好的享受。

当发现真的爱上一个人的时候，就会懂得，真爱就是：能够在一起，便好。这种相依相守的婚姻经受住了现实生活的考验，爱便显得如此真切，如此深沉。没有过多的要求，只是简简单单地陪在你身边，一直陪下去，至终老。

幼儿园时，在一次"过家家"的角色扮演中，我说我爱你。你从低着头认真地完成手里的"家务活"到抬起头，眨着水晶般的大眼睛，疑惑地问："什么意思啊？"

初中毕业那年暑假，我骑着单车带着你去公园划船。湖面上，我说我爱你。你的脸瞬间映上了一团火烧云，把头深深埋进胸前，摆弄着衣襟，好像在笑。

大二那年的春节，当新年的钟声敲响时，我把你叫下楼，对你说我爱你。你把头靠在我的肩上，紧紧地挽住我的手臂，恐怕下一秒我会消失似的。

工作了一年后，当第二天早晨你临出门前，我把年终奖拿给你时，我说我爱你。你把早餐放在桌上，跑过来刮了一下我的鼻子说："知道了。懒虫，该起床了！"

30岁那年，我说我爱你。你笑着说："你呀！要是真的爱我，就别下了班到处跑。还有，别再忘了我叫你买的菜！"

孩子中考那年，某天晚饭后，看着你每天疲惫的身影，我说我爱你。你边收拾碗筷边面无表情地嘟囔着："行了，行了，快去帮孩子复习功课去吧！"

儿子去大学报到离开家的那天晚上，我说我爱你。你打着毛线，头也不抬："真的？你心里是不是巴不得我早点儿死掉。"

在全家人为你过60岁大寿时，我说我爱你。你笑着捶了我一拳："死老头子！孙子都这么大了，还贫嘴！"然后就咯咯咯地笑个不停。

70 岁时，我们坐在摇椅上，戴着老花镜，欣赏着 50 年前我给你的情书，我们已经布满皱纹的手又握在了一起。那时候，我说我爱你。你深情地望着我，我看到你那已经皱纹满面的脸依旧那么美丽，炉子上的开水咕嘟咕嘟地冒烟，温馨的暖意充满了整个屋子……

80 岁时，你说你爱我。我什么也没说，但那是我人生最快乐的日子。我流泪了，因为你终于对我说出了那句"我—爱—你"。

90 岁时，我们在一起，一同向对方说：我爱你。今生最大的享受就是能够牵着你的手，幸福地陪你走完这一生。

年年岁岁花相似，岁岁年年人不同。能守住属于自己的一份简单而平淡的生活，就已经是一个幸福的人了。"执子之手，与子偕老"，在平淡和琐碎的日子里，保持一颗简单如初的心，与自己的知心爱人牵手一生。彼此支持，彼此鼓励。

能够在一起时，便要好好惜福，不离不弃。如此，眼下的每一刻对于我们来说，都将如一生般永恒。

难以割舍的手足情

手足情深，血浓于水。今生能成为兄弟，要珍惜，要善待，要感恩！

俗话说："打虎亲兄弟，上阵父子兵。"兄弟之间和睦团结，就能克服生活中的一切困难，就能使生活更加美好顺遂。兄弟姐妹就像一棵树上不同的枝丫，每个人扮演着自己的角色，大树就自然茂盛葳蕤，如果每个枝丫都只想给自己抢夺更多的阳光养分，那么一棵树迟早倾颓。

兄弟姐妹之间，因为生长的时代相同，彼此间比起同父母更容易沟通和理解，而因为共享着血浓于水的亲情，又比朋友更加密不可分。因此，兄弟姐妹之情，若处理得好，就可以成为世界上最牢固、最真挚、最坚不可摧的情谊。而这样的情谊带来的，是一个和睦的、其乐融融的大家庭，是面对困难时众人一心，众志成城的努力。

这样的手足之情，仿佛给人的心中添了一份支持，仿佛给人背后以坚固的依靠。因为有这样的兄弟姐妹，所以知道，无论自己有一天会面对怎样的困境，怎样的为难，自己始终不会是孤身一人。

有一对亲兄弟。哥哥很富有，弟弟却一贫如洗。但哥哥享受着自己的日子，从来不肯资助自己的弟弟。

哥哥的妻子觉得这样下去对家庭不好，暗下决心要丈夫改变对弟弟的态度。于是，趁丈夫不在家时，妻子从街上找来一条死狗，用草席将它包好扔在花园里。

等待丈夫回家的时候，妻子做出一副惊慌失措的样子上前拉住丈夫，跟丈夫说自己今天被一个乞丐纠缠得心烦，就拿棍子撵他，没想到他一躲就掉进池塘淹死了。妻子吓坏了，万一传出去没人能证明乞丐是自己淹死的，怕要连累他们一家。妻子说："我把他用席子包了起来，放在花园里。我们得找个人帮忙，把他悄悄地埋了。"

哥哥赶紧跑去找朋友帮忙，谁想一听是这种事情，平日每天找哥哥喝酒吃肉的朋友们一个个借故推辞。最后实在没人可找的哥哥硬着头皮来到弟弟家，没想到一听哥哥说了情况，弟弟二话不说就跟哥哥回去帮忙。

这件事让哥哥幡然悔悟，十分后悔曾经那么冷酷地对待弟弟。从此，哥哥给了弟弟很多帮助，而与此同时，他自己也收获了手足之情带来的快乐。

兄弟姐妹，一母同胞。那种天然地铭刻在血液中，一荣俱荣，一损俱损的亲情是什么也无法代替的。人的一生中，也许会遇到很多在某一个阶段陪伴自己的人，然而真正可以从始至终，无私无求，不离不弃，发自肺腑地关心自己，希望自己过得好的人，也许，也不过是父母两人，伴侣一个，以及姐妹弟兄。

所以，请珍惜手足之情吧。你会知道，这个世界还有一个温暖的地方，永远支持着你，真挚地爱着你。

金钱有价，友情无价

朋友是人生路上的无价宝，没有友情的心灵就如荒芜的沙丘，了无生趣。

海内存知己，天涯若比邻。

我们每个人都是作为独立的个体被降生到这个世界上的。而在这个辽阔的世间，一个人是如此的渺小，一个单独的灵魂是如此孤独寂寞。幸好，在这个世界中有这样一种情感存在，它给人以温暖，以陪伴，以安慰，以力量。它在黑夜里给人亮起满天的星光，在夏日撑起一片绿叶，在冬天雪中送炭，在丰收的季节与人共享欢愉。它就是友情。

因为友情，原本陌生的人称为惺惺相惜，没有血缘的亲人；因为友情，独自在举目无亲的异乡奋斗，心里就再不空空荡荡，无所牵挂；因为友情，个性得到理解，痛苦得到安慰，错误得到包容，万念俱灰的时候会有人搂着你的肩膀真诚地告诉你："相信我，你能行！"

所有的情感中，友情来得最为纯粹，它不因亲情起于血缘与责任的束缚，也不似爱情带着激情和占有的欲望。它可以只源于一次愉快的谈话，一次默契的巧合，一次游玩的经历，却以此为种子，生长为最茂盛的树木。

友情是水，不像茶越冲越淡，也不像酒甘甜可口，却在宿醉后让人痛苦不堪。真挚的友情并不喧哗，而是默默地带走你身心的燥热。

唐朝时有一位大将叫薛仁贵。他曾随唐太宗御驾东征平定了勃辽叛乱，被唐太宗封为"平辽王"。战功赫赫的他在官场平步青云，为此给他送礼的达官显贵络绎不绝，将他的门槛都踩破了。但薛仁贵一概婉言谢绝。

一天，有人送来两个大酒缸，下人们却发现里面装的竟是两缸清水。薛仁贵听说了，问了礼物的来处，听说是王茂生送的，竟破天荒笑笑收下了。身边的人们不解，问他原因，他便讲起自己参军之前的事。

薛仁贵的家庭曾经非常贫苦，参军前的他和妻子住在一间破窑洞里，过着食不果腹的生活，多亏朋友王茂生靠自己卖豆腐的一点微薄收入接济他们，他和妻子才能勉强度日。

薛仁贵说："全靠王茂生的接济，我才能有今天。如今我美酒不收，厚礼不要，唯独王大哥的这两坛清水，对我来说才是真正的无价之宝。虽然这只是清水，却比任何美酒都要甜美。朋友之间就该是连清水都能喝出酒的美味。"说完薛仁贵当真喝了三碗"美酒"，并直叹："好酒！"

之后，薛仁贵就把王茂生一家接入府中，帮自己管理王府，两人成了无话不谈的刎颈之交。

友情的可贵，就在于它的真诚和无私。真正的朋友，不一定是最常陪在我们身边，最常赞美我们，最常赠送礼物的那个，却一定是在我们需要时扔下自己的事情出现的那个，是当我们被冤枉被误会时站出来为我们说话的那个，是我们身处困境毫不犹豫出手相助的那个。

真正的朋友，也许不是会在我们哭泣时安慰我们的那个，却是会陪我们一起掉眼泪的那个；也许不是会在我们成功时在我们身边祝贺的那个，但是会在我们失败时第一个安慰的那个；也许不是会在我们面对困难时说"你要加油"的那个，但一定是会说"我能帮你什么"的那个。

真正的友情不能掺杂虚伪。缺乏真诚，内心就会生长芥蒂与隔膜，人与人之间就难以沟通。友情也就无从谈起。只有真诚，才能带来对彼此真切的关怀和理解，才可能同舟共济，同甘共苦。

真情患难的朋友就像亲人，而更为难能可贵的是，他们与我们本没有血缘关系，仅仅是靠一份患难与共的情谊联系在一起。这就足以让我们把自己的真心回报给他们，用一生的时间和真情，来培养这朵绚烂的友情之花。

每个人的人生都像一棵葳蕤的大树，独自成长只能收获一种果实。如果能将自己的果实真诚地奉上，又能乐意分享别人的果实，那么，收获的将是一整个秋天的丰硕，将是有限生活里，无尽丰富的盛宴。

平凡的生活，真正的快乐

最浪漫的事，就是和你牵着手，一起慢慢变老。

电影电视里看到的家庭生活，总是那么轰轰烈烈，缠绵悱恻。可是现实的家庭生活中，却难得有激情和浪漫，更别说惊天动地的情节。有的只是日复一日陷入生儿育女，锅碗瓢盆，鸡毛蒜皮的琐碎生活。多少爱情中的善男信女在婚姻琐碎的消磨中丧失了对生活的珍视，对未来的激情。却忘了，自己的人生也就在这消沉中被自己书写为灰色的篇章。

其实，正是散落在这些日日重复的琐事中的细小美好，才是人生中真实的无价之宝。像是没有夺目光彩的珍珠，只有懂得欣赏的人，才能体会它们温润动人的美丽。幸福，从来都不是悬崖上的玫瑰，高不可攀，而是初夏从槐树下走过时落在肩上的洁白花瓣，在你浑然不觉之中降临，若捡起细闻，才知它原也芳香袭人。

幸福，本就蕴含在日升月沉的平凡之中，下班后万家灯火中有一扇窗口的灯为自己而明，下雨时 10 岁的儿子跑来送伞，停电的晚上，爱人从电脑前离开，孩子从作业堆里抬起头来，一家人对着摇曳的蜡烛一起唱了很多歌谣——这么多事发生时浑然不觉，直到很多年后回忆起来，才明白心里涌起的温暖，原来就是幸福。

赛巴斯是芝加哥的一位法官，他的工作生涯里接触过 4 万宗婚姻的案子，成功地调解过 2000 对夫妇重归于好。谈起他的感悟，他说："很多婚姻的不幸就源于细节琐事上的争执。其实最简单的，如果夫妻早上去工作时可以相互招手道声再见，那么三分之一的离婚都可以避免。"

百老汇的演员高恩从年轻离家时开始，就保持着每天给母亲打两通电话的习惯，一直到母亲去世。他说，其实他也并不是每天都有话题和母亲分享，常常只是问一句睡得可好，吃什么了就结束通话。但是这样小小的关注力，母亲得到的却是被儿子需要，被儿子想念的幸福感。即使高恩为了演出经常半年都不能回家，和母亲的距离，却从未拉远。

家庭的幸福就是这样简单，给彼此问候，让彼此感受到你的关怀，你的需要，感受到他对你来说是重要的。即使没有海誓山盟，海枯石烂，也能感受彼此的此志不渝。就像《最浪漫的事》所唱的："我能想到最浪漫的事，就是和你一起慢慢变老。"两个人因爱而携手走过之后的人生里无数个简单而平凡的日子之后，沉积在心上的，就是永恒的幸福。

然而有句话说："友情经得起平淡却经不起风雨，爱情经得起风雨却经不起平淡。"不幸的是，很多时候确实如此。面对着外界的压力，两个人在同仇敌忾之中不觉间更紧密地和彼此联系在一起，然而当生活归于平淡琐碎，激情退去，买菜做饭取代了烛光晚餐，擦抹打扫取代了浪漫约会，爱情似乎就只能靠当初的惯性苟延残喘。

正是在这样的心情里，生活中细微的幸福和闪光点就被忽略，对平凡的美好也就失去了应有的感激。

在经历了整整5年的爱情长跑之后，曾被大家看作金童玉女的一对大学同学玲和男友终于步入了婚姻殿堂。可是隔了一段时间再看到玲，她总显得心事重重。朋友聚会时，曾经每次一定要讲男友如何疼爱自己的玲如今却只是一再抱怨婚姻是爱情的坟墓，家庭生活里柴米油盐鸡毛蒜皮的无趣，甚至谈起曾经的男友如今的丈夫，也是冷淡不满的口气。

而玲的同学瑾，和老公相亲认识，相处一年半后结婚，却每次都是满面春风，说起家庭生活就滔滔不绝乐不可支。

玲不明白，为什么自己和丈夫相爱5年，明明有很深厚的感情，却在婚姻中几乎毫无幸福之感。而瑾和丈夫却能如胶似漆，恩爱如昔。

一次玲忍不住问瑾她经营婚姻的秘籍，瑾说："我和丈夫在一个本子上每天都把对方为自己做的小事记下来，虽然无非是谁替谁倒了杯水，谁替谁拿了一次拖鞋，但每次从头翻阅，都会发现原来在我们看似平淡的生活中，竟然不知不觉地发生了那么多美好的事。"

玲这才突然想到，她虽然总埋怨丈夫不像恋爱时那么关心自己，那么在乎自己的感受，可是每天早上醒来，丈夫都会倒好一杯热水给她喝，说这样对身体好；每次生理期，丈夫都包揽所有的家务，不让她沾一点冷水；有时丈夫半夜起来上厕所，怕回来吵醒她，就在沙发上将就睡过后半夜。玲这时才明白，原来丈夫的爱情并未消退，只是自己忽略了这些平平淡淡中的关怀。

诚然，充满激情的爱所带来的强烈快乐是美好的，可是只有最终落入寻常生活的柴米油盐中却依然不减损的爱，我们才能相信它能得以长久。曾听一个母亲说，她最幸福的时刻，不是儿子登上领奖台那天，不是儿子结婚那天，甚至不是儿子千方百计准备了惊喜回报她的那天；而是儿子小时，在外面跌了跤，哭着跌跌撞撞地跑回来扑进她怀里，那个瞬间，她体会着心疼孩子的痛楚的同时，也体会到了被孩子需要的骄傲。而就是这个不起眼的细节，让她在 30 年后谈起，依然在脸上露出幸福的微笑。

人生中轰轰烈烈的事毕竟很少，而真正的幸福，也从来不是电影中的惊天动地、生死一线。幸福就是平淡中的踏实感，平凡中的快乐心情。只有将所有这些细微的小美好拼凑在一起，才最终得到足以照亮夜空的宏大的幸福人生图画。

真诚的爱，真挚地说

有家就有爱，就有了一切。趁家人都在，有爱你就说出来。

"我爱你"这样简单的三个字，似乎除了恋爱中的小情侣，很少能被人从口中大大方方地说出。我们可以毫不吝惜地对着无足轻重的物质发出感叹："我太爱那家饭店的甜点了！""我太爱那件洋装了！"可面对至亲至爱的父母，面对伴侣，面对孩子时，却总羞于告诉他们："我爱你，以我的全部心灵，全部灵魂，毫无保留地爱你。"

有爱是一回事，然而爱若不被表达，其能量却也打了折扣。当爱人满心疲惫地从工作中回来，一句"我爱你"，就是抚慰爱人疲惫心灵的清风；当苍老的父母躺在病床上，一句"我爱你"，就是医治父母内心凄凉之感的灵药；当孩子遇到挫折困境，一句"我爱你"，就是支持鼓励他们重新振作的勇气来源，就让他们懂得即使在外面的世界碰得鼻青脸肿，也有这样一片温暖的家园永远接纳他们。

有一个教育专家在讲座中询问在场的父母："你们中有谁愿意为了挽救孩子而牺牲自己的生命？"

每一位家长都举起了手。

"那么，有谁愿意每天向自己的配偶和孩子表达心中的爱？不管是用正面的评语，有意义的游戏，或者是爱的轻抚、低语以及眼神的交流来跟他们进行接触？"教育专家又问。

这回却没有一个家长举手。

"又不是电视剧，谁会每天有那么多闲工夫说什么爱来爱去的？"一位父亲不满地抗议道，"我们还要养家糊口呢！"

"你的观点，正是多数传统父亲的观念。"教育专家耐心说道，"你们以为告诉孩子和配偶你们爱他也只不过是嘴上说说，不如以实际行动来爱他们实在。可是事实上，人的一生中哪有那么多为对方做出重大牺牲的机会呢？于是你们只顾着赚钱养家，却在忙忙碌碌之间，错失了和亲人沟通以及表达亲情的机会。因为你们不知道，其实告诉亲人你们的爱也是爱的一种实际行动，于是最终的结果是，你们说愿意为了他们付出生命，其实却连告诉他们让他们知道自己是被人爱着的都做不到。"

很多时候，一份美好的感情就在彼此的猜测、揣摩和试探之中产生了误会，走向了疏远。"我爱你"这句话不只是电影中的对白，更是让自己所爱的人感受到被重视被需要，感受到幸福的咒语。其实我们每天只要花一点点时间，告诉亲人我们心中真挚的爱和感激，一个家庭，就会因这样的告白而充满温暖。

别再吝惜那句简单的话，告诉世界，也让世界告诉你，你是爱着的，也是被爱着的幸福的人。

爱别人才能爱自己

世界上最美的对话大概就是："我爱你。""我也爱你。"在这样一段简单的对话后，两个相爱的灵魂因付出的爱得到回应而喜悦着。

"我为人人，人人为我"本质上就是这样对话的另一种形式。我爱别人，于是别人也爱我。而一个只爱着自己，眼睛只关注着自己的人永远无法得到他人的爱。只爱自己的人，像是《白雪公主》中的王后，只能一生对着镜子孤芳自赏，在"我是最美的人"的自我陶醉中孤单老去。

不爱别人，也就无法得到别人的爱，剩下的就是失去了爱的苍白生命。没有了他人的爱与关怀，春天就只剩下沙尘，冬天寒冷得难以度过，每个夜晚，也就因寂寥孤苦，而越发地漆黑漫长起来。

当我们爱别人时，同时也在不知不觉中爱着自己。送人玫瑰，手有余香。当我们把爱当成一种愉快的付出，无私地把爱传递给别人时，我们也在此过程中收获了精神上的安慰，内心中的满足。而当我们的爱得到别人的温暖回报时，那种幸福，正是照亮我们人生中的一个个长夜里的星光。

所以，生活于这个凡尘俗世之中，我们要爱别人，才能更好地爱自己。

有一棵大树，每日沐浴着和煦的阳光，享受着雨露的滋润，与鸟儿一起欢度美好时光。

离大树不远处，有一条小河，河虽小，但河水很深。尤其涨水时，人们过河非常危险，曾经有好几个小孩因为过河而被水冲走。有一天，两个行人在大树下议论，其中一个说："如果河面上有一座桥该多好啊，大家过河就方便、安全多了。"另一个行人也深表赞同。

大树沉思了一下，说："你们把我砍下来，做成一座桥吧。"于是，大树被砍下来，成了河面上的一座桥。从此，人们过河再也不用担惊受怕了。

一只鸟儿飞到桥上问桥："以前你做大树时的生活多么美好，并有可能长成一棵参天大树，可你为什么要放弃做树而选择做桥呢？"

桥微笑着说："做了桥，虽然我不能再生长，但看到我能帮助那么多人，我感到自己的人生非常有价值。"

鸟儿说："可是为了帮助别人，就应该牺牲自己的快乐吗？"

桥说："不，帮助了别人，我也得到了快乐！"

故事中的大树没有顾及一己得失，而是无怨无悔地牺牲了自己的快乐，将方便与快乐送给过往的行人，这种心甘情愿的付出与关爱，也定将收获更多的回报。

作为一个人，如果只关心一己的得失，只能给别人以冷漠和折磨，同时也将自己置于世态炎凉之中。

而真挚地去爱别人，就仿佛是播种下一粒种子，会在炎炎夏日时成长为一棵遮阴避雨的大树，当每一个人都如此做时，沙漠亦可成绿洲。而歌中唱的"如果人人都献出一点爱，世界将成为美好人间"也将在这尘世里成为现实。

相信一个人就等于帮助一个人

相信，是一种仁爱！相信他，拯救他，成就他。

在衡量人际交往时，安全感的获得是一项重要的指标。而获得安全感的前提，就是彼此的信任。

杨泉曾说："以信接人，天下信人。"只有以一颗装满信赖和诚恳的心，才能获得相互的信任，才能由此构架起良好的人际关系。

相信一个人，不单单是自己内心得到放松和安全，很多时候，也帮助了被信任的人。

法官鲍勃曾秉承"无罪推论"澄清了很多冤假错案。他常常跟身边的人说，做人要以相信别人为美德，因为很多时候，你相信一个人就等于帮助了一个人。

鲍勃小时候家里很穷，为了读书，他从小就开始在外面打零工。一次，就在一个月的工资都要发下来的当天早上，来到店里的人们发现店里丢了东西。大家的目光一下子集中在鲍勃身上，为了多攒学费，鲍勃每天晚上都是最后一个离开店里的人，而且大家都知道鲍勃一直急着用钱。

当时只有8岁的鲍勃面对大家怀疑的目光几乎哭了出来，他只觉得百口莫辩。想到自己不仅一个学期的学费可能就要泡汤，还要背上小偷的骂名，鲍勃几乎觉得丧失了活下去的勇气。

这时候老板来了，他认真地看着鲍勃，对店员们说："鲍勃每天的工作我都看在眼里，他是个踏实的孩子，我相信这件事不是他做的。"就这样，鲍勃保住了自己的工作，也继续在学校里完成了学业。多年后，披上法官黑袍的鲍勃回来看望当初的老板，他问老板，为什么确定东西不是自己偷的。

老板答："其实我也不能百分之百确定不是你。但如果不是，我就冤枉了你，可能害了你的一生。而如果是，我们却信任了你，你为了我们的信任也一定不会再偷东西，如此我们又救了你的一生。"

时至今日，鲍勃依然不知道当初偷东西的人是谁，但是对他来说已经不重要了，重要的是，他懂得了信任的力量，并将这样的力量带给别人。

君子待人以诚。不信任他人的人是孤独的，他们只能给内心筑起高高的藩篱以将自己保护在所谓的"安全"范围里。而信任别人的人也会被别人信任，在这样的相互信任里，每个人都收到他人的善意，也都可真挚地善意待人。

一个人一旦受到他人的信任，便在不知不觉中形成了一种心理上的契约，为了不辜负他人的期望，为了不丧失自己的尊严，他们便更加努力地成为诚实的人，成为值得被信任的人。《悲惨世界》中的冉阿让，就是在主教信任的目光中重获新生。

信任是一切情感的基础。只有在相互信任的土壤中，真挚的感情才能开出美丽的花朵。否则，剩下的只能是无尽的猜疑和防范。只有每个人都放下戒备，放下成见，开诚布公，才能获得一个互信互爱的美丽世界。

推己及人，收获真挚情感

设身处地地为对方着想，你的温暖他感受得到。

"推己及人"，古人留下的这简单四个字里，包含了几乎可以解决一切人与人之间矛盾的秘诀。人际交往中的矛盾，或是个性不合，或是行事方式不合对方的心意，或仅仅是误会，若双方能有推己及人之心，任性做事之前，先站在对方立场上想想，做事便自然公允；开口说话之前，也从对方的角度考虑，说话也不致偏激。如此，多少不必要的矛盾也就得以避免。

时常有人抱怨自己不被人所理解。却忘了，若换个角度，对方是否也是同样的心情。在我们哀叹"为什么他就不能替我想一想"时，我们可有反省自己是否先站在对方的角度去考虑了？在我们主观臆断，给别人下评语、贴标签之前，我们可否回想一下自己被人武断评价、受人误解时的委屈心情。而当看到别人身陷困境，需要帮助之时，不妨想想如果自己处在同样的境况里会希望他人怎样做，然后如此去做。

在美国的一次经济危机中，近九成的中小企业都关闭了。丹娜所开的齿轮厂的订单也是一落千丈。为了挽救工厂，丹娜想到找自己的朋友和长期以来的老客户们一起出出主意、帮帮忙，于是写了很多信。可是，当丹娜拿着厚厚的一沓信来到邮局时才发现：自己连买邮票的钱都不够了。

面对这样的窘境，丹娜第一个想到的不是自己，而是这些朋友和老客户们一定也在经历一段艰难的日子。自己怎么能让他们花钱买邮票给自己回信呢？

想到这儿，丹娜转身回家。接下来的几天，她把家里能卖的东西都卖了，用一部分钱买了寄信的邮票，而另一部分钱就附在了寄出的每一封信中。丹娜在信中解释：这附上的两美元是回信时的邮费，希望可以得到大家的回信。

收到信的人都吃了一惊，作为在经济危机中依然挺立的少数企业，这样的信他们每天都收到，可是来信人从来都只强调自己的困境，并要求帮助，只有丹娜替他们做了考虑。何况两美元远远超过了当时的邮票价格。丹娜这样诚恳，不计较的品行感动了很多人，他们或给丹娜出谋划策，或干脆给丹娜寄出了订单。丹娜的企业就这样在危机的大潮中站稳了脚跟。

因为懂得，所以慈悲。很多时候，就是因为我们一味以己度人，不去考虑别人的角度立场，才无意中伤害了他人。

你鄙夷地说一个留学生连点苦都吃不了的时候，你不知道，因为他在外租住，所以生病时连个给他带点饭的人都没有，家里有剩饭他就吃一点，若没有，他就饿着躺在床上等病好；你嘲笑一个人走路姿势不够优雅的时候，你不知道，她曾为了矫正畸形的腿，在骨头上打了钢钉，忍受了巨大的痛苦之后才终于能像你一样走在街上；当你指责那个孩子对父母太过冷淡的时候，你不知，他从未拥有过你那样幸福的家庭，那个对你来说是世界上最幸福的地方，对他来说却是避之不及的痛苦所在。当你说这些话的时候你都没有恶意，可是却因为不懂得以己度人，所以便在别人的世界里不自觉地扮演了刻薄、恶毒之人。

沟通大师吉拉德说："当你认为别人的感受和你自己的一样重要时，才会出现融洽的气氛。"

推己及人的智慧，就在于因为自己希望被温柔相待，于是温柔地去对待别人；因为自己希望得到帮助，所以无条件地去帮助别人；因为自己不愿受到伤害，所以也就不会去伤害别人。把别人当成自己来爱，所付出的感情便是最真挚的，所收获的感情，也才能是最真挚的。

　　我们依然身处在一个并不完美的世界。在这个琐碎而不完美的世界里，苦难并不是只发生在电视电影中的，而那些看似琐碎、似乎可轻描淡写的痛苦，却在可以被超越之前真切地折磨着每一个身处其间的人。你或许未曾经历过同样的痛苦折磨，可是你可否试着把自己放在对方的立场上想想，收起自己严苛的一面，说一声加油，或是祝福。

　　如此，世界也将温柔起来。

掌声响起来，为对方喝彩

不要吝啬你的掌声，你的鼓励对他很重要。

　　人是社会动物，而生活在社会中，就不可避免地受到别人态度的影响。我们每个人都需要得到别人的认可，来自别人的支持鼓励会让我们更加勇敢更有力量，而面对别人的讥讽和嘲笑则会让我们的内心遭受痛苦和伤害，甚至心生绝望。你不是他人，你不知道自己并无恶意的玩笑什么时候会成为压在别人心上的最后一根稻草，什么时候自己一句平淡的鼓励就为别人带来希望和阳光。

　　澳大利亚人尼克·胡哲天生患有"海豹肢症"，也就是说，他生下来就没有四肢。为了像正常人一样生活，他付出了比常人多几倍的努力，才终于像同龄孩子一样进入了学校。

　　然而在学校里，他不得不面对其他人异样的眼光，以及别的孩子的讽刺捉弄。

　　他说，有一次，在经历了无比糟糕的一天后，他绝望了，他想自己已经做出了那么多艰苦的努力，承受了那么多痛苦，为什么还是得不到别人的认可；自己从来没做过伤害别人的事，为什么要去过这种受人歧视，受人欺负的日子。他当时在心里想：我受够了，如果今天再有一个人这样对我，我就放弃所有的努力。我就自杀。

这时，身后响起一个女生的声音："尼克！"

他心想：这一刻要来就来吧，尽情羞辱我吧，明天我就不存在了。

他转过身，却意外看到了一张和善的笑脸。那女孩跟他说："你今天看起来好极了。"

很多年后，已经成家的尼克·胡哲说起这个瞬间依然不能自己。这个女生，用最简单不过的一句鼓励，在那个灰暗的日子里救了他一命。

尼克·胡哲不能选择他的残缺，但你却可以在面对他人时选择你的态度，是做那些羞辱伤害将别人推向深渊的人，还是做那个用鼓励和喝彩挽救他人的人。

没有不需要球迷掌声的球队，没有不需要观众喝彩的演员。对一场处在逆境中的比赛，球迷不变的支持就是对球队最大的鼓励；对于为了台上的精彩默默练了几年几十年功的演员，落幕时观众的认可就是对他们付出最大的回报。而对普通人来说，我们日常生活工作就是我们的赛场，我们的舞台，我们也需要同样地被鼓励、被支持、被赞赏。

在家庭中，相互赞赏、相互鼓励的夫妻关系不仅可以营造良好的家庭氛围，也会使双方在面对工作时更有自信，从而更容易在事业上有所成就。懂得欣赏孩子的优点，给予孩子适当鼓励的父母，既容易获得有效的亲子沟通，又更容易使孩子走向成功。在工作中，老板和员工的彼此鼓励既是助企业走向兴盛的法宝，也是企业遭遇困难时的一颗定海神针。

不要吝惜自己的鼓励。在别人成功时，真心实意地为对方鼓掌，称赞一声"你很棒！"在别人消沉时，送上一句真诚的鼓励："没关系，相信你下次会更好。"在这样的掌声和鼓励中，人与人之间没有了苛责，没有了伤害，只剩下最真挚的相互欣赏、相互祝福。

也许你的一次鼓励并不会像故事中的女孩那样救下一条生命，可是，就在你的一次次掌声和鼓励声中，我们每个人所处的世界也逐渐成为更加宽容更加善良的乐园。而每多一个这样的人，这个现实而琐碎的世界也就美好一分。当所有的人都愿意带着鼓励的心，真挚地为他人喝彩时，我们就知道，这个世界充满了希望。

第七章

待人，以谦和为贵

曲高者，和必寡；木秀于林，风必摧之；人浮于众，众必毁之。在当今社会，谦和低调更体现为一种交际智慧和人格魅力，让你更易受大众认可，处于一个得心应手，游刃有余的状态。

满招损，谦受益

以一颗谦卑的心入世，虚怀若谷，谨言慎行，才能在人世间行走自如。

无论何时，谦虚都是为人处世的法宝，也是促使人们不断进步的阶梯。骄傲自满的人眼睛长在头顶上，看不到世界上值得去学习的地方，因此便不会虚心学习，也就丧失了进步的机会。孔子在《论语》之中就不止一次地强调弟子们要谦虚。

有一天，孔子带他的学生看到了一个器具，这是一种盛上水用来灌溉的容器，叫作敧器，它有一个特点，如果水不满，它就一直竖立着，只要水一满，它就自动翻转，里面的水就流出来了，然后它接着再竖立起来，接受水源的补给。

孔子就告诉他的学生：容器满了，然后就会倾倒，里面的水就出来了，这就是损失；如果是空的或者不满，那么水就会往里面注入，也就是得到增加。做人也是一样，当你自满的时候，就会招致损失甚至灾祸；而你清空自己的心灵，对待事物虚心接受，则会得到收益。

为人处世之时，人也如同敧器。虚怀若谷，以一种谦和的状态去待人接物，便会像敧器倒空的时候，接受到源源不断的补给，直到自己成功，像敧器一样站立起来。骄傲自满，则像敧器盛水过满而倒下。

钢铁大王卡内基曾经给他手下的一个年轻人如此的忠告——"如果有一段时间，你的工作顺风顺水，有所成就，那你一定要去想，你是不是得到了身边朋友的帮助，或者是你的对手太弱。而如果你自认为这一切你都做得很好，那你必然会在后来的工作中产生差错。要记得，我这里有十二个人适合你做的工作，在这十二个人里边我确信有人会比你更想要和胜任这份工作。"

这个年轻人一直把卡内基的这番话当作对自己工作的警示，于是他兢兢业业，最后成为了卡内基的左膀右臂。

这是卡内基的管理智慧，也是一个一流的商人对谦虚的深刻理解。在工作之中，每个人取得一定成绩之后都会有成就感，但是要时刻地警醒，不能让这种成就感转化为骄傲的情绪。骄傲必生自满，而自满就会止步不前。

"我们自身就像是一个圆，而未知的世界就像是圆外面的部分。当我们自身越来越大，接触到的位置面就越来越大。"这是伟大的科学家爱因斯坦的一个描述，这个描述科学形象地体现了，我们求知的路是永无止境的。我们所感觉到未知的地方，只是我们自己那个"圆"的边缘，随着我们自身的探索，自己的"圆"越来越大，我们更应该感觉到自己的无知，也就更应该虚心地认识世界。其实这个例子也说明了一点，如果我们觉得自己知道和做到的已经够多了的时候，那恰恰说明我们自己的那个"圆"还太小。

被人们称颂为"力学之父"的牛顿发现了万有引力定律，他还在热学上确定了冷却定律，在数学上提出了"流数法"，建立了二项定理并且几乎和莱布尼兹同时创立了微积分学，开辟了数学领域的一个新纪元。他是一位有着多方面成就的伟大科学家，然而他非常谦逊。对于自己的成功，他谦虚地说："如果我看得比别人要远一点，那是因为站在巨人的肩上的缘故。"他还对人说："我只像一个海滨玩耍的小孩子，有时很高兴地拾着一颗光滑美丽的石子儿，但真理的大海还是没有发现。"

这些有大成就的人，都不约而同地选择了以谦虚的姿态待人接物，因为他们懂得，看到自己的不足才能有进步，保持谦和的态度，才会赢得尊敬。而人如果不谦逊，则同井底之蛙一样，不但得不到收获，而且还会为他人所嘲笑。

自满是一种恶习，它会阻碍我们自身的发展，而且没有人会乐意和一个自满的人交往。

而谦虚是一种修养，在对人生的追求之中，谦虚像是助推剂，可以使得人们在成功的道路上更好地学习，更快地进步。

待人谦和的人往往乐学上进，这样他就有充足的知识和智慧；待人谦和的人，人们也乐意和他交往，从而能得到更多的帮助；待人谦和的人，处世踏实认真，如此就会避免很多错误。这样的人，何愁不能成功。而骄傲自满的人，无知，无友，不务实，又怎么能不招来损失呢？

所以，"满招损，谦受益"的古语传诵至今，仍被当作为人处世、修身养性的金科玉律。

富而不奢，才可立业

居安思危，富而不奢，不张扬炫耀自己的财富，才是真正有修养的成功人士的标志。

富兰克林说："致富的唯一办法就是使你的支出比你的收入少。"如果说一个人开支比收入还多，任有家财万贯，也不免坐吃山空。

晚唐时期，诗人李商隐看到王公贵族们的奢侈腐败，也发出过"历览前贤国与家，成由勤俭败由奢"的劝诫。家业的成就往往由长期的节俭而来，而如果生活奢侈无度，在很短的时间内就可使家业败落。不能够克奢由俭，再多的财富也终将会耗尽。

日本著名的大文豪川端康成，从小就在文学方面有着极高的天赋，创作了许多在世界上都很有影响力的小说，并且获得了诺贝尔文学奖。他的祖上曾是富豪，长久以来的富裕生活影响了整个家族的风气，也使川端康成染上了浮华奢靡之风。

川端康成花钱丝毫没有节制，以至于写作而得的收入完全不能支持他巨额的开销，而家道也于父辈之时开始衰落，渐渐地，连家业也无法维持他的奢侈。他从小养成的习惯让他难以改变，慢慢地只能以借债的方式来维持他的开销。

长期如此导致他债台高筑。1968 年，他获得诺贝尔文学奖，当巨额奖金到他手中的时候，所有债主就都追上门来，从而使奖金在很短的时间内就因还债而丝毫不剩。这笔巨额财富未对他的生活境遇带来任何实质性的改变。于是，川端康成又继续借钱度日的生活，直至三年之后，他含着煤气管，了结了自己传奇的一生。

奢侈是富贵的克星。由俭入奢易，由奢入俭难。身处富贵之中而不知克制骄纵的心态，浪费的就不仅仅是你的财富，从更高的层次看，挥霍的就是你的生命。

有一种美德叫富而不奢，创造财富可以通过节俭来完成，节俭是由穷变富的法宝。节俭不仅能够积累财富，还能培养一个人艰苦奋斗的精神。

比尔·盖茨在成为首富之后仍保持着克奢由俭的价值观念。有一次他和一位同事一起开车去西雅图的希尔顿酒店开会。在路上车子出了点小故障，以至于他们到会场有点晚而找不到停车位。于是那位同事提议花 12 美元，把车停在贵宾车位上，但立即遭到了盖茨的坚决反对。尽管那位同事说停车费由他来付，盖茨却一再表示拒绝，并说："那可不是一个公道的价格，他们超值收费。"

盖茨过着适度节俭的生活，在花钱上"小气"的趣事时有传闻。比如外出旅游时，有二等舱，盖茨绝不去坐一等舱。他说："既然一等舱与二等舱同一时刻到达目的地，我何必要花冤枉钱。"

人生在世，不能仅仅只追求物质生活的享受，而更应该去追求精神层面的富足。从一定意义上来说，内心怀着向上的正能量，胸怀才能广袤深邃，给我们带来快乐和愉悦，指引我们步入生活的坦途，让我们品尝到人生的甜美。身处富足之时不骄不躁是一种高尚的修养，也是一种健康的生活方式。追求细水长流的可持续发展，让我们的心不被财富架空，从而真正地成为财富的主人。

节俭或者奢侈都是一种由外而内养成的性情。往往在一个奢侈的人身上，骄、奢、淫、逸这四个字都是联系在一起体现的。奢侈会腐蚀人的心灵，让人贪图于物质的享受，停滞不前，甚至败坏已有的财富。而克奢是一种美德，是谦虚的体现，让人居安思危，心思当年创业之艰，而知如今守成之重。

当眼下物质生活极大丰富的时候，人们就需要将心灵降温，戒骄戒躁，不去盲目攀比，不去铺张浪费。时时刻刻提醒自己，没有什么财富是浪费不尽的，坐吃总有山空的一天。克奢由俭才能守住长久以来的物质财富，忍奢才能成就大的事业。富而不奢，不张扬炫耀自己的财富，这才是真正的成功人士的标志。

低调做人，不张扬

心态放平和，脚步放轻松，低调些，你会越来越稳健，越来越成功。

气场，往往是一个人内在实力的外现。有实力而行事低调的人，无论在何时何地，无意张扬却也总能带出自己的气场，给人一种庄重、典雅的印象。反观外表张扬、霸气而精神贫瘠，知识、教养和阅历匮乏的人，往往给人一种外强内干、中空虚脱的感觉，这种人往往是浅薄无知，自高自大，认为自己强于别人，从而借哗众取宠博得眼球。久而久之，人们慢慢地养成了一种潜在的思维习惯，将那些华而不实的人有意无意地从认知的角度剔除。所以，往往过于张扬的人很容易不被别人接受。

低调，作为一种内在修养和应有品格已经被众多的人视为自己的必修课。在职场，一个低调的人会受到上司的看重，同事的尊重还有下属的敬重，甚至得到竞争对手的认同。而过于张扬的人，就如一把暴露在外的剑，往往因为容易给人造成伤害而把自己置于被拒绝被防范的队列，在职场乃至社会中难以立足，终将在张扬、放浪形骸后以悲剧收场。

有功者大都会有一种强烈的成就和自豪感，有些人不懂得低调，居功自傲，盛气凌人，使十分功绩因为自己的夸耀吹嘘，在人们眼中仅剩六七分。若是凭着功劳而骄傲自大，仗势欺人，那么功绩又会减三分，甚至引祸上身。明智而低调的人，则不管功劳如何卓著，都懂得谦虚谨慎，面对人生荣辱得失，以平常心态视之，当抽身时须抽身。

功成而身退，则可垂名万世，若争功夺名，贪爵恋财，忘乎所以，居功自傲，必将招致祸害，最终身败名裂。

明初"胡蓝之狱"中的两大主角——胡惟庸、蓝玉便是都由张扬引致灭门之祸。

明开国之初，胡惟庸被任命为宰相，他是朱元璋打天下的老底子，起初朱元璋对待他不错，但是他这个人不知道低调，自己贪污腐败，被朱元璋屡次警告仍充耳不闻。

日益位高权重的他在后来更是目中无人，把相权的手伸向了皇权。不但在朝中培养自己的势力，而且把持言路，命令各部门给皇帝的奏表一式两份，一份给皇帝，一份给自己，甚至发展到利用丞相职务，把对自身不利的奏表截于自己手里，大有把持朝政、权大震主之势。而最终在与皇权的利益矛盾激化之下，被朱元璋一举击溃，落得灭门之祸，受牵连之死的人有数万之多。

而之后的蓝玉，这么大的一个反面教材摆在自己面前，不知道汲取教训，骄横更胜于胡。蓝玉本是名将常遇春内弟，在军事方面有着极高的造诣，毫不逊色明朝任何一个开国名将，他几征蒙古，立下了赫赫战功。可是他不知收敛，在军队内部安插亲信，纵容家人为害乡里，在一次打败蒙古班师回朝之时路过一个关卡，由于守关将领没有及时地开关放行，他竟然指挥部下破关而入。蓝玉如此骄横，最终引起了朱元璋极大的不满和不信任，后来给他安上了谋反的罪名，诛灭了他的全族，其他被牵连致死者也有万余。

这两人都是难得的人才，但功成之时却居功自傲，飞扬跋扈，以至于忘乎所以，招来诛族之祸。

而反观同时期的汤和从来都是不邀功，不自傲，为人谦逊，待人谦和。正是他的谦虚理智让他得以在明朝开国之初的腥风血雨之中，成为唯一保全自身到最后的开国名将。

人生不但要在逆境中坚持不懈，更要在顺境之中把持好自己的心态。说来后者更难，往往有许多人能在逆境之中努力，可是一旦发迹，就忘乎所以，变得张扬。需要用张扬来获取别人的关注，以满足自己需要被瞩目的感觉，也可以理解为目光短浅，得到一时的荣耀就认为这种荣耀会永久保持。想想看，荣耀这种虚无缥缈的东西怎么可能是永恒的呢？智慧的人懂得，一切荣光只是暂时的，《易经》有云，"上九，亢龙有悔，盈不可久也。"也就是说，在达到顶峰的时候，不能够谦逊戒骄，顶峰的状态不会持续太久便会有灾祸发生。

用平和的心态来看待世间的一切，低调做人，更容易被人接受。曲高者，和必寡；木秀于林，风必摧之；人浮于众，众必毁之。一个人应该和周围的环境相适应，适者生存。低调做人才能有一颗平凡的心，才不至于被外界左右，才能够冷静，才能够务实，这是一个人成就大事的最起码的前提。

在当今社会之中，低调更多地体现为一种交际的智慧，更重要的是提升自己的人格魅力，让你在交际中更易受认可，处于一个得心应手，游刃有余的状态。

收起你的优越感

俯视的姿态其实不美，不如以平视的眼光看待世界，以平等、尊重的心与人交换，你能赢得更多的微笑和美誉。

优越感，顾名思义，就是一种意识，一种自我感觉。认为自己比别人好，比别人强。这种感觉一部分来自于实力，更重要的一部分，来自于现实环境。

在当今社会，人们的优越感着重体现在财富的占有上。一个年薪几十万的金领在一个普通白领面前会有优越感，一个衣着华贵的名媛面对一个长相平凡的打工妹也必然有优越感……在有些人的眼里，自身的优势成为了一种傲人的资本，抱有这种心态便会对不如自己的人产生轻视或歧视心理。如果不能正确地对待这种感觉，便会在内心之中形成一个"包袱"，不但会自视甚高招致讨厌，而且还会长期地惧怕被别人超越，从而加重自己的心理负担。

怀着强烈优越感的人，会刻意让自己的优势映衬出他人不足。尤其是对于刚刚遇到挫折或者是长期不得志的人，会认为你这是刻意地嘲笑他的无能。在人们面前抱着这种态度，会使得他人对你不满，甚至产生恼火和讨厌的感觉。比如说朋友们在一起吃饭，其中有一个人在近期事业处于低潮，内外交困，他的心情已经很痛苦了，而在场的另外一个人却大谈特谈近期自己的风光事，吹嘘自己的本领。这就会让那个失意的人很不高兴，并且对那个优越感十足的人产生厌恶，也许多年朋友的交情也会就此而终。

可见，优越感外露在人际交往之中并不是什么好事，它可能会使人们对你产生疏远，让你失去许多知心的朋友。所以，交往之中要谦和，在你变得孤立无援之前，忍住你的优越感。别让这种轻浮的自我意识破坏了你在交际中的形象。拿出一个仁慈、谦卑的姿态去对待目前境遇不如自己的人才是仁人所为。

梅兰芳曾学画于国画大师齐白石，两人既是师徒，又是好友。两人之间还有一段鲜为人知的故事。

有一次，齐白石到一个大官家去应酬，满座都是阔人，人们看到他衣着平常，又无熟友周旋，便谁也不理睬他。他在那儿窘了半天，自悔不该贸然而来，自讨没趣。想不到这时梅兰芳走了过来，和他很恭敬地寒暄了一阵，座客大为惊讶，才慢慢过来和他聊天，他的面子也总算圆了回来。事后，他刻意画了一幅《雪中送炭图》送给梅兰芳，且题了一诗：

曾见先朝享太平，布衣蔬食动公卿。

而今沦落长安市，幸有梅郎识姓名。

之后，梅兰芳也回复了白石老人一首诗：

师传画艺情谊深，学生怎能忘师恩。

世态炎凉虽如此，吾敬我师是本分。

两位大师都不以自己的身份和名气示人，而是以朴素而真切的情谊交往，这在当时是多么可贵。

人外有人，天外有天，那些向来不在人之前表现优越感的人能守住自己的本分，都是会得到大家的尊敬的。能以平等的心态对待他人，才能赢得大众的心。如果想拥有一个快乐、成功的人生，你就必须将高傲的面孔收起，将翘起的嘴角放低，尽可能用一种平和可爱的笑脸去面对每一个人。

庄子在《逍遥游》中提道，"小知不及大知，小年不及大年"，也就是说，在浩瀚的宇宙中，地球都是微乎其微的，何况你拥有的那些物质、名誉。也许那只是浩瀚时空里的一粒连显微镜都看不到的尘埃。所以任何人有任何方面的优越感都是浅薄的。相对于无穷尽的宇宙，个体有限的资本，差别再大也趋近于零。因此，千万别用优越的眼光去看别人，也别用你优越的标准来要求别人。

收起你的优越感，反而能让你在他人心目中更优越。正如峻岭巍峨，却从来不炫耀它的高度，海纳百川，却从来不炫耀它的深邃，仁人君子身怀才德，却从不炫耀他们的功名。将自己的优越看淡，是人生的智慧；把自己的心态摆平，是处世的哲学。

不以优越感待人，处世必行谦恭，谦恭者多助，多助者何愁事不成。谦和有礼的人，才是最终的赢家。

放低身段，平和待人

大智者必平和，大成者必谦卑。真正高贵的人，面对强于己者不卑不亢，面对弱于己者平等视之。

一个人如果总是昂着头看事物，那久了必然会产生脖子酸痛等不舒服的感觉。试问，这样的仰视能持续多久？如此地被关注又能得到多少尊敬？

百步穿杨的故事，大家总是喜欢讲前半部分，"战国时期，楚国有个神射手养由基，与潘虎比射，射百步之外杨柳叶无一不中……"但是这个故事还有它的后半部分。

前面的众所周知，但是后来养由基和潘虎比完之后，获得胜利的养由基在人群中听到了让他不开心的话——"有了这样神射的箭术，我才可以教他射箭了。"

养由基一看，说这句话的人是一个老头，便忍着怒火问："这样说来，你的箭术比我的还好了？"老者微微一笑，"我并不是要教你如何弯弓射箭，而是要教你如何韬晦，保持自己射箭的名声的。"养由基不解地问："你这是啥意思呀？"老人依旧面目慈和地笑着："年轻人虽气力旺盛，但是你一箭能中，而十箭百箭，气力用尽，你还能保证你百发百中吗？只要你一箭不中，那你百发百中的声名便毁于一旦。一个善射的人，更要明白修养韬晦，保持自己的名声。"

养由基恍然大悟，连忙向老人赔罪并且道谢。

一个人在拥有了一定的地位，在高出别人之上时，更要放低姿态。"常在河边走，哪能不湿鞋"，如果依然一味地张扬，便会如故事里的老者所说，一旦气力用尽，则声名不保。养由基做得就很好，他并没有对自己胜利之后给自己泼冷水的老人发脾气，而是忍一时之怒，耐着性子听完了老人对他的教诲，更难能可贵的是他在当时就能虚心地接受一个无名老者的教导，使得他在其后一生中一直保持好自己的名声，这都得益于他性格深处的谦和。

西奥多·罗斯福是美国的第26届总统，他的黑人男佣詹姆斯·亚默斯曾经写过一本书叫《西奥多·罗斯福，心目中的英雄》，里边有这么一则感人的故事。

"有一次，我的妻子问总统，美洲鹌鹑长什么样子。她从小到大没有见过这种鸟。换做常人，也许不会理会这么低级的问题或者只是简单回答，'哦，那是一种鸟。'但是总统先生耐心地把美洲鹌鹑给她描述了一遍。甚至没过多久，我家电话响起，是总统夫人打来的，她告诉我的妻子现在就有一只鹌鹑，如果她向窗外看去，就可以看见了。总统常常在这些细节的事情上关心我们，每次在经过我们小屋的时候，总能听见他，'呜，呜，安妮！''嗨，嗨，詹姆斯！'这种善意可爱的小招呼。"

这样平易近人的总统，试问有谁会不喜欢。如同一个友好的邻居一般温和的领导者，谁会不拥戴他呢？无论地位多么高贵，身份多么显赫，卖弄起来，只会让大家觉得虚荣从而鄙夷。给人一种平等的感觉，让人感觉到亲和力，反而更能让你得到人气。和大众融合在一块儿，人们才更能感受到其与众不同的一面。所以，得意之时，无论自己多优越，也要将身段放下。将自己的生命牢牢地扎根于普通人的土壤之中，这样才能枝繁叶茂，收获丰硕的果实，体现出自己更高的价值。

在现实生活中，不争强好胜，不狂妄自负，不哗众取宠，进能谦虚忍让，退要淡定从容，温文尔雅地去待人接物是一种风度、一种品质。放松心态，谦和待人，也是一种有涵养的表现。

某一个国家的大使到非洲去，回来的时候认为这个国家的人民不友好，他所见的每一个人脸上都没有笑容，从普通的人到海关的官员都是冷冰冰的。第二年，他又去这个国家考察，他的脸上时刻挂着笑容，这一次，从始至终，从普通的人到海关人员都面带笑容接待他。

世界就是一面大镜子，照着别人也照着自己，只要你对人谦和，别人也与你为善。把姿态放低，不高调张扬，谦虚谨慎，就能受到人们的欢迎。学会为人谦和，你的生活一定会充满阳光。

得意时要记住一个"忍"字

得意的时候别自大，别膨胀，别飘起来，千忍万忍你都要"忍"住。

一个人获得了一定的成就，当然是一件值得高兴的事情。人逢喜事精神爽，得到成就之后欢欣鼓舞都是人之常态，亦是人之常情。但是，得志切莫失态，得意切莫忘形，往往一个人在得到成功的时候，是最容易招来忌妒，引发他人心理不平的。聪明的人，会在成功面前收敛低调，能忍一时之快而避免树大招风，而有的人略有小成就得意卖弄，反而身受其害。

在老舍的《断魂枪》里有这样一个故事。

神枪沙子龙的大徒弟王三胜，学得一点本事，就倚仗师傅"五虎断魂枪"之威名，自视甚高，十分得意。有一天他在土地庙前边，拉开了场子，摆起了架势，虽干的是卖艺的营生，吆喝口气却相当傲慢，"老少爷们，我王三胜，虽在此摆场子，却不是要把式卖艺，师承神枪沙子龙，学的是真功夫，练的是好拳脚。"然后，放开身板，绕场子周遭练了一圈，市井看客，也没几个懂真功夫的，只觉得是"神枪沙"的徒弟，就一阵接一阵地叫好。

这时候角落里一个老头冷冷地来了一句："还会点功夫。"

对于一个老者，本该谦逊以待，可这话传到了得意上头的王三胜耳中，却如沙眯眼，十分刺耳，当即就让老者下场比试。

选武器之时，老者谦让后选，而王三胜先选了自己最拿手的枪，想着要给老者难堪。可结果却让他始料未及。连着三回合，老人将他手中的武器打掉。王三胜不仅损了师傅威名，连自己也颜面扫地。

人们在自觉得意之时，更加应该提醒自己忍耐住得意之情。因为谁都不能保证自己是世界上最好的，收敛不仅会减少别人的比较和忌恨，还能让你赢得更多的尊重。有些人沉不住气，稍有得意就喜形于色，得意的时候认为自己是高高在上的，还必须让他人时刻高看自己，常常是听不得半句"逆耳之言"，只要别人的言辞稍有不恭，就会大发雷霆或者极力辩解，使得别人对自己产生距离，渐渐地被人疏远，这种时候必然会有比你更有实力的人，来让你的得意黯然失色。

所以人要能控制自己的情绪。得意之时，不要被他人的吹捧所动，不要听不进与自己对立的言论，坦然处之，避免心情浮躁而扰乱思绪，在纷繁的社会之中让心宁静地休养。得意之时，静而处之，把过去的成功收进你走向未来的行囊，忍一时得意之兴奋，除内心自我之羁绊，这样才会在成功的路上越走越远。

　　曾经有一个孩子，获得了他所在学校主办的"卓别林模仿大赛"的一等奖，他高兴至极，一回家就迫不及待地将自己得奖的事情讲给自己的妈妈。光讲还不够，他粘上了小胡子，拿着雨伞，迈着标志性的八字步，他给妈妈演示起了自己在比赛中模仿卓别林的样子。然后得意扬扬地说："妈妈，大家都夸我是卓别林再世呢。没有人比我更像卓别林了。"他等待着母亲的夸奖。不料，母亲却问道："你是谁？"小男孩一下子愣住了，好久才回答母亲："我是您的儿子啊，妈妈！"他的母亲冷冷地说道："噢，原来你不是卓别林啊！"

　　母亲的话像冷水一样泼了下来，浇灭了男孩的扬扬得意。这也让他冷静下来，仔细地揣摩母亲的用意。

　　过了几年，这个曾以模仿卓别林出名的男孩，以自己独特的表演风格出现在了大家面前。2006年3月5日，他因在《卡波特》里成功地扮演了作家杜鲁门·卡波特一角而问鼎第78届奥斯卡金像奖最佳男主角。

　　他后来在自己回忆的时候说，今天的这一切都要感激我的母亲。当年在我得意之时，是她的提醒让我冷静下来，告诉我，我要当霍夫曼第一，而不是卓别林第二。

　　他就是美国著名演员菲利普·西摩尔·霍夫曼。如果不是他在得意之时能冷静下来，以谦虚的心态对待，哪能在后面的人生之中超越自己。

　　得意之时要学会忍，忍住自己的飘然之心，忍住自己的骄傲之情。如此，对外就能够以谦虚的面目示人，为他人所看好；对内则能以认识不足的心态对己，从而继续前进，超越自我。

　　世界上没有长久的失意者，也不会有永远的得意者。超越得意有时比超越失意更难。因此有人说，一个人最大的成功不是战胜别人，而是战胜自己。有的人在得意的时候往往喜气洋洋，满面春风，抛头露面，到处张扬，因而招致人们的不满和不屑，毁了自己的形象不说，还容易引来不必要的麻烦。

得意之时最能鉴别人的定力，定力低者，恃才而骄，居功而傲，得意忘形；定力高者，恃才不骄，居功不傲，甚至功成身退。人生最危险、最可怕的时候往往不是失意之时，而是得意之时。因为失意击倒的不过是一些庸人，而被得意击倒的往往是英雄。

人生的成败舞台，与其说是个站台，不如说是个看台，当我们在看别人精彩与没落的同时，来看生命中的自己，总有些领悟在心间荡漾，也许我们做不到淡泊，但我们不得不让自己内心宁静。所以说"忍"者，才有大智慧。

盛气凌人不讨好

盛气凌人只是一副臭架子，真正能服人的是谦恭诚恳的君子之风，仁人之德。

古人有云，长者，恭而厚，宽德以服人；鄙者，慢而陋，盛气以凌人。这句话是说，有德行和修养的人，谦恭而敦厚，用宽和的态度和崇高的品德来使人信服；品行不好目光短浅的人，傲慢而知识浅薄，只会用骄横的气势来压倒别人。

在人际交往中，前者易受到尊敬，得到大家的认可，走到哪里都是受欢迎的对象。而后者都只会摆出一副骄纵嚣张的气势，让自己面目可憎，引起别人的反感，而无法获得他人的尊敬和信任。

曾经有个有趣的比喻，鲁迅先生把自己比作是牛，郭沫若先生则把自己比作是牛尾巴，茅盾先生则把自己比作是牛尾巴梢上的一根毛。可见，先贤都很谦虚礼让，三人都是不同时期的大文豪，而均无傲人之态，轻人之姿。

美国南北战争之中的盖茨堡之役，南方军被打得大败，当统帅罗伯特·李开始向南撤退的时候，倾盆大雨夹杂大风呼啸而来。他带领着大败之后士气低迷的队伍撤退到梅克多之时，一条因暴雨而水位骤涨的河流拦在了他的面前。前有天堑，后有追兵，南方军如瓮中之鳖，无法逃脱。远在白官的林肯看准了这个天赐良机，捕捉罗伯特·李，结束战争，获取胜利近在咫尺。他立即电令前方统帅格兰特，让其不要延误，立即攻击南方军残部。

这时候，前方的格兰特将军却迟迟不肯动手，先是借口推脱，后来甚至公然抗命。林肯勃然大怒。一向友善宽容的林肯给格兰特写了一封严厉的信。信中说："你出了什么问题？他们已经在我们的控制之内，如果我在你的位置上，只要一声令下，胜利就是我们的了……我已经无法信任你再能挽回局面，如果我再信任你，那都是一种不合理的信任。我对此感到无比悲痛。"

可事实上格兰特并没有读到这封信，直到林肯死后，在整理他的文件时这封信才公诸于世。

可以做个合理的想象，林肯在写完这封信之后，他冷静了下来。看到窗外的大雨他理解了格兰特当时处境的艰苦，也宽容了他拒绝攻击的行为。因为他意识到，木已成舟，现在的批评和斥责根本于事无补，反而徒增格兰特对他的不满。因此，林肯把这封信放在一旁。

因为他从痛苦的经验中学到，任何盛气凌人的批评和斥责，几乎总是无济于事。

而从另一个角度来看，沉得住气是一种谦卑的姿态，是高贵的涵养，而盛气凌人则是一种妄自尊大的傲慢，体现着一个人的浅薄。

在交往之中要明白，每个人都有自己独立的人格尊严，每个人的内心之中都在维护其不被侵犯。所以在和别人交往时，要尊重他人，以礼相待。不以人之显贵报以谄媚，不以人之式微置以傲慢。如果有这样的胸襟，自然可以避免骄狂。

自古以来，多少名臣名将奇才济世，而又有多少因盛气凌人而不得善终。

西楚霸王项羽，出生江东，生得一身勇武，且胸有大志。但是生来就一副傲慢脾性，自居故楚贵裔，除了叔父项梁，谁都不放在眼里。联合六国故人发秦之时，一副傲慢无礼，盛气凌人的姿态，而渐失六国之心。在灭秦之后更是气焰嚣张。

后来刘邦公开反对项羽，与其争夺天下，受形势所迫，联合他的旧部九江王英布共同反对刘邦。

他派使者去与英布商议和谈之事的时候，所执信件中措辞均以命令的口吻，一副高高在上不可一世的样子，认为英布是他旧部，完全可归他指使。可当时的英布也已分封，地位上并与项羽无二，并且实力雄厚，怎能受此侮辱。当时因惧于项羽威武，尚未敢动。而后英布又听说项羽在官中提及他当年是秦国囚徒之事，终不能忍，转与刘邦结为同盟。在项羽的覆亡之路上作出了一定的贡献。

可见盛气凌人伤人伤己。

盛气凌人也是一种极其肤浅的表现，这样的人自觉高人一等，往往急于把自己所知道的全部表达出来，并强迫人们接受自己的观点，而这么做只会把其内心的浮躁和沉不住气的短识全部暴露出来，使自己处于孤立的劣势之中，最后败北。

才识修养高深的人，在态度上谦卑恭敬。有容人之风度，纳言之雅量。在与人交谈之中，心平气和、温文谦礼的风范也更易使别人接受自己的观点，赢得人心和天下。谦和才是君子性情，智者不会盛气凌人。要知道哪怕傲立风雪的梅花，也不见哪个花朵是仰面而开。

收敛情绪，不要和别人抬杠较劲

学会含蓄内敛，别逞一时口头之快与别人抬杠较劲，让情绪减了你的印象分。

企业家牛根生说："你如果拿五分的力量跟别人较劲，别人会拿出十二分的力量跟你较劲。"可偏偏有人就是好这口，凭着一张三寸不烂之舌，凡事都能讲出个"一二三"来。可实际上呢，却不一定能让别人买账。这是因为，一个会说话的人会很讨人喜欢，但是一个"没理搅三分"的爱抬杠的人，则不见得会受欢迎。这是因为任何人都喜欢来自对方的话语充满了温和的感觉。

我们大概都有这样的体会，在工作或者身边干活中，若是有来自对方的不同意见，如果对方是用温婉的语气表达出来的，那么也不会让自己过于抗拒；相反，如果是硬生生的话，即使对方是一片好心，也保不齐让我们心生反感。

我们看看下面这个职场中关于"抬杠"的案例。

范敏在一家企业担任会计职务，由于工作年头长，她自恃资历老，学历高，平时在单位上不仅爱和同事抬杠，也喜欢与领导"顶牛"。

有一回，领导安排她抓紧时间去税务局报税，可范敏却认为，上司不懂财务，纯粹是瞎指挥。于是，范敏就磨磨蹭蹭地迟迟不动。领导见状对她说："再不报，就要罚款了。"范敏却说："怕什么，我做了这么多年的会计还不懂。"

领导又说："作为我部门的员工，你要接受领导对你的安排。"听上司这么说，范敏有点恼火地说："我来这里工作的时候，你还不知在什么地方待着呢，凭什么就得让我听你的！"

领导也有些气恼，但考虑到周围还有一些同事，便强压火气，没有发作。

但是，同事们看在眼里，却对范敏议论纷纷。

平时和范敏关系不错的两个同事急忙劝她，其中一个说："你这是怎么了，平时和我们抬抬杠就算了，居然和自己的顶头上司顶牛。"另一个说："长此下去，上司肯定会炒她的鱿鱼，给她穿小鞋的。"于是，他们打算好好劝范敏。

一天，那两位关系不错的同事，把范敏叫到一家咖啡馆，对她好言相劝，上司毕竟是上司，你这样和她抬杠，让她如何下台？

谁知，范敏不但没领情，反而更来劲了："就咱这领导，还用巴结她吗？"两位同事说："你不巴结没关系，但也该尊重他啊。其实，你心眼很好，但就是说话太冲，这样难免会得罪人的。"

没想到，范敏听完反而讥讽地说道："他的水平你们也看到了，让我怎么尊重他！先说年龄，他28岁，我34岁，他不如我长。再说学历，他是高中没毕业，参加工作后，混了个大专学历，我却是正规院校毕业的本科生。再说工龄，他比我差好几年。他一天到晚就知道搞搞上上下下的关系，而我辛辛苦苦埋头做账。你们说说，就他这样的人还对我指手画脚，能让我服气吗？"

同事说："这些方面人家是比你差点，可人家的协调能力比你强！"

范敏说："除了协调和上级的关系外，我看他的协调能力也比我强不到哪儿去！"

就这样，范敏与劝她的两个同事，你一言我一语地进行抬杠，一句劝告的话也听不进去，弄得大家面面相觑，无言以对。

半年后，范敏就被单位开除了。

由此不难看出，喜欢抬杠较劲绝非是一件好事，本是一些工作中的小事，却因为爱抬杠，爱顶牛，而影响了自己的人际关系，甚至葬送了自己的前途。

其实，不管是生活还是工作中，很多事情自然而然地过去了后，当我们再回想一下自己抬杠顶牛的情景时，便会觉得都是一些小事，根本不值得一提。也许隔不了多久也就忘了，但若与邻里、与同事、与朋友相处也爱这般较劲，那势必会给我们的人际关系带来极大的负面影响。

实际上，如今这个年代早已没有多少大是大非的事，相对来讲却是平淡无奇的琐碎之事占据着我们的生命。也许很多时候，并不是我们要跟人抬杠，却总有喜欢抬杠的人为了排遣自己的积郁和释放自己的牢骚而跟我们较劲，硬要把我们的正确言论指责为错误。遇到这样的情况，最好的办法就是点下头表示一下赞同即可。因为一个爱抬杠的人，如果我们不去驳斥他的观点，就是给他颜面；如果我们也跟他抬杠，那只能说明我们与其有一拼，差不多是"同一个模子刻出来的"。

由于人和人所受教育、成长环境和性格特征的不同，出现矛盾也是在所难免的。喜欢凡事都与别人争个对错，大有不分上下誓不罢休的架势的人，结果不但落得个没人缘，而且事情也办砸了。精明的人都懂得求同存异，在小矛盾中忍让一步，不与人发生口角，这样就会更容易获得朋友，生活也自然会因此而快乐很多。

第八章

处世，以忍让为贵

敌意和仇恨就像一面不断增长的墙，而宽容和谦让则像一条不断加宽的道路。遇事我们先把自己的刺收起来，给自己一些冷静思考的时间和清澄的心境，从而做出更加睿智的决定。同时我们要学会宽容别人，善待恩怨，学会尊重自己不喜欢的人，在忍让别人的同时，也为自己营造一个安宁豁达的心境。

做人何必总较真

凡事不能较真，谁较真生活就会惩罚谁。

生活中我们会遇到这样一种比较有意思，但又有一点可悲的人，他们做事总是爱较真。如果你向他们指出这个毛病，他们或许就会这样说："你做人不诚实！做事不够认真！你怎么老是善变！"反正，不管你怎么说，他们都觉得自己才是对的。

较真有四大体现：第一，太把自己当一回事了；第二，斤斤计较；第三，不把事物的真相、细节、全貌等搞清楚，就不罢休；第四，认准了一个理，就不会改变。

其实，仔细分析这四个体现，就会发现较真最大的体现之一，就是人们对一些细枝末节的事过于执着，认死理，不懂变通。有这样一个故事，能很好地说明这一点。

在一个山村有一个叫张宝的中年人，他50多岁了，依然还是单身一人，过着穷困潦倒的生活。他为什么混得这么差呢？是不是老天对他特别不公平，其实不是的，真实的情况是老天对他反而很不错。

比如在20岁的时候，张宝看到村子里有人做生意发了财，于是自己四处筹钱做起了生意。可他进货的时候，不想跟别人砍价，他认为大家都是做生意，我进你的货，我赚了钱，你才能赚钱，你又怎么会漫天要价呢。也就是别人给什么价,他就按照这个价格进,结果进的东西由于价格太高,卖不出去,最后还欠了一屁股的债。而跟他同时做生意的那几个人都发了财。

30岁的时候,有人给张宝介绍了一个外地女孩,本来是谈得好好的,但后来由于他的一位亲戚对他说,外地人靠不住,找对象最好找本地的,结果两人就结束了。

40岁的时候,张宝决定要改变自己的人生了,他做了一件事,跟村里的一些年轻人进城打工,他在建筑工地上工作得非常认真,干活也是别人的两倍。但是,老板却给了他跟别人一样的薪水。他觉得非常不公平,于是就去找老板理论,由于他不注意说话的方式,把老板弄了一肚子火,他不仅没有得到老板给他涨薪,还被炒了鱿鱼,最后不得不回到了农村。就这样他稀里糊涂地一直活到了50多岁。

张宝人生之所以如此惨淡,主要原因就是他处世太较真,认死理,认为是自己的亲戚,就一定能做到全面地为自己着想;认为工作只要认真,就不必注意其他的东西,接着就能得到自己该得到的回报。如此较真,混得好才怪呢。

对人真诚,重视身边人的想法,做事认真,这些不仅没什么不对,而且很值得推崇,并且这些品质我们都能从仁者的身上找到。但是一个真正的仁者,他们会先学会如何生存。也就是说,仁者首先做到的是先爱自己,然后把爱推广给别人,再推而广之去爱世间的万事万物。因为他们比任何人都明白,在这个复杂社会里,一根筋,认死理,只会让自己的处境越来越糟糕。

较真就是对自己的不仁慈。做人实在不能太较真,你说这个人是个坏人。但是有的人却会觉得这个人是个好人。生活本来就很复杂,有些东西看似这样,但也可能是那样,而且有些东西你觉得很完美,可是如果放在放大镜下,就会发现很多瑕疵。

有道是"水至清则无鱼，人至察则无徒"，任何事情只要到了极致就会向相反的方向发展。生活本就是不完美的，太过较真，认死理，眼里容不得一点沙子，就会让我们走很多冤枉路。金无足赤，人无完人。如果一个人总是对别人或者对自己要求苛刻，不懂得忍让，迁就对方，认死理，不懂变通，总是喜欢把别人或者自己身上的小缺点都揪出来无限放大，岂不是自己被自己活活地折磨死。不跟自己较真，就是包容自己；不跟别人较真，就是善待别人。任何时候，我们都不能较真。

婆媳问题从古至今就是家庭中最常见的问题之一。之所以会如此的常见，是因为两代人各有各的看法，公说公有理，婆说婆有理，硬要争执下去，最后的结果，往往是落得双方都伤了和气。

刘晓燕和婆婆生活在一起。开始的时候，她们相处得还算融洽。但是后来，他们总会为一些琐事而闹得不可开交。举个例子来说，刘晓燕喜欢做菜的时候，多放点油，可婆婆却觉得这样很浪费，还多次说，这样炒菜不好吃。

刘晓燕反驳说："我们南方人炒菜都是这样，而且专家也说了，这样没什么不好。"

听到这样的话，婆婆马上就不悦了，以后刘晓燕做的菜，她一口也不吃。

刘晓燕的妈妈过来小住了几天，看到这种情况，就把她拉到房间里狠狠批评了她一顿："你这死脑筋，没必要和自家人这么较真，这个世上根本就没有完美无缺的人啊！你看，婆婆帮你打理这个家，你怎么能不理解长辈的辛苦，净在这些没用的地方挑刺。"

刘晓燕细细地想了下，觉得妈妈说得对，婆婆帮自己承担了家里大半的家务，给忙碌的自己和丈夫大大减轻了负担，自己实在没有必要在这些小事上跟婆婆过不去。从那以后，她再也不会为这些小事跟婆婆较真了。她发现那些原本看不惯的小事忍下不说后，没有给自己的生活带来麻烦，相反使得家里的气氛比以前融洽了许多。

一年后，刘晓燕生了一个小孩，婆婆对照顾小孩这件事上非常热心，经常唠叨着哪些该做，哪些不该做。婆婆说的都是一些过去用过的照顾小孩的经验，在刘晓燕看来，这些做法按照现在的标准来看确实有点不科学，但她很清楚，这都是婆婆的好意。她知道，即使老人家的有些话不正确，但是出发点都是好的。只要在大的方向上达成共识，就没有必要在这些小事上伤了和气。

不管是为人还是做事，我们不能认死理，要互相理解，懂得包容。每个人身上都有这样的不足，我们没有必要对别人斤斤计较。有的时候，我们需要一种"难得糊涂"的智慧，事情是这样，但你可以装作不是这样，不较真，我们才会少一点烦恼。

不较真，其实就是对自己忍让，对朋友包容，但是能做到真正一点不较真的人并不多，正因为此生活中才会有很多类似张宝那样的故事发生。生活在这个变化多端的社会，我们有必要拥有"难得糊涂"的智慧。比如当你朋友犯错的时候，你完全可以包容对方的小错误，当你做到这一切的时候，就会发现那些毛病其实算不上什么问题。

学会不较真，不是代表自己傻，而是告诉自己，不管遇到什么事情，都要理性地想一想，这样做有什么不对。当为别人着想的时候，也要为自己好好地想一想，为人处世，多一些宽容，不较真，我们才能少走一些弯路，生活得更快乐。

天下无不可容之事

不能容忍别人，是因为我们的那颗心在作怪，心宽了，自然什么也都容得下了。

有很多人会发这样的牢骚：我没有什么办法了，在这件事上我实在容忍不了他选择这样的方式去做。他们容忍不了别人所做的事情，是不是别人在做这件事情的时候有些不对呢。确实是存在着这个问题。但是我们会发现，很多情况下，我们容忍不了别人，跟别人并没有多大的关系，说得更准确一点，他们之所以容忍不了，是因为他们自己的内心在作怪。

陈新从小就有一个早睡早起的习惯，每天晚上他 10 点就会准时睡觉，然后第二天早上 5 点准时起床，接着带着自己的狗去公园里跑步。他的父母也有早起的习惯。所以，陈新一直觉得这个习惯没什么不好。但是，他最近发现了一个问题，就是自己很难接受不早睡早起的人。

以前，他自己一个人住在家里，还没有发现这个问题如此严重。如今，他跟大家一起住在公司的宿舍里，才发现自己很难接受别人。因为同事们经常会在外面玩到凌晨 1 点左右才回来，有的同事没有出去玩，就在宿舍里看电视，一般一看就要看到晚上十一二点，而且电视声音还很大，这直接影响陈新的睡眠质量。

同事们的这些行为让陈新觉得很受折磨，他想自己搬出去住，可是北京的房租特别的高，他这个念头一出现，就只好赶紧打消。终于有一天，他实在受不了，他要求同事们晚上必须 10 点之前回来，看电视声音也不能放得太大。结果，同事们像看外星人一样看他，根本就没把他说的话当作一回事。最后，陈新只好选择辞职。

很多时候，我们容忍不了别人的事情，不是因为别人有什么问题，主要问题其实在我们自己的身上。当我们觉得无法容忍别人的时候，最好问自己一个问题，我们真的无法容忍吗？比如故事中的陈新难道他真的就无法做到包容别人吗？此时，也许他不能。但是当他的年龄渐渐增长，经历的事情越来越多的时候，他肯定会包容一切。因为他必须做到这些，他才能真正地适应环境，在职场上取得成功。

既然以后也要面对这个问题，为什么非要让自己以后去面对呢。此时勇敢地面对，岂不是更好吗？即使失败了，也能发现失败的真正原因是什么。其实，这个世界上真的没有什么事情不能包容，你真的很在意这件事吗？是不是别人不做这件事，你就能对别人产生好印象。当我们不能容忍对方的时候，我们最好向自己多问一些类似这样的问题。如果你不这样做的话，很可能就会陷入自我设计的陷阱里面。等你真正走向成熟之后，恐怕你只会觉得当时自己特别的幼稚。

天下真的没有什么不可容的事情，之所以你不能容，主要原因在于你的心。心是最复杂的东西，也是最神奇的东西。同样的出生，同样的环境里生存的两个人，最后很有可能有的成为千万富翁，有的人到了四五十岁的时候，依然为了生计四处奔波。

美国有这么一个故事广为流传。

有一对亲兄弟，在他们很小的时候，他们的父亲因为抢劫而进了监狱。

20 年后，这对亲兄弟当中的哥哥成为了一家公司的大老板，弟弟却成了抢劫犯。

在法庭上，法官问他："你为什么要抢劫？"

弟弟回答："因为我的父亲是抢劫犯。"

当他的哥哥以及记者们听到这个答案的时候，都一脸的错愕。尤其是他的哥哥，根本就没想到，弟弟一直活在痛苦当中的真正原因是因为有一个抢劫犯的父亲。

后来，有个记者问哥哥："你为什么会取得如此的成功？"

哥哥回答："因为我一直告诫自己，无论多么穷困，都不能走上父亲的道路，我不想让我的孩子也有一个抢劫犯的父亲。"由此可见，哥哥对自己拥有一个抢劫犯父亲的这件事情，选择了包容。

对自己都不能仁慈的人，又如何对别人仁慈呢？包容别人之前，我们一定要学会包容自己。天下真的没有什么不可能容忍的事情，我们之所以觉得有人在跟我们处处做对，主要原因就是在于我们自己。

包容别人，如果别人不是真心找碴儿，你完全可以当作没有看见。要知道，任何想法，都有来由；任何动机，也都有诱因。找到他们行为的原因，才能设身处地地为对方着想。如果你能做到这一点的话，即使你向别人提出一些意见，别人也不会不把你当一回事了。

爱发怒的人，常常一事无成

发怒跟生病一样，谁发怒，谁的人生就会越走越短。

西方有一句谚语流传很广，很多成功人士都会选择它作为自己的座右铭。这句谚语是："上帝想让一个人灭亡的时候，必先让他疯狂！"这句话的主要意思是说，当一个人被自己的坏情绪，尤其是生气、愤怒所控制的时候，会做出一些不理智的事情来。

有个心理专家这样说道："一个人生气的时候，他的智商会降低到一半；一个人特别愤怒的时候，他的智商会降低到零。这也是为什么容易发怒的人往往一事无成。"几乎所有人都知道，发怒对自己没有一点好处，那么他们为什么还要发怒呢？主要原因在于不满的心理在作祟。不满的原因有很多，比如自己付出了努力，但是却没有得到自己该得的回报；比如别人许诺给你某些东西，但是事后，人家根本就不当数；再比如，明明是你的东西，人家不仅占有了，而且还拿出了各种让你无法反驳的理由。总之，让你不满的原因数不胜数。这也是为什么人们愤怒的原因总是那么千奇百怪。

愤怒是不可取的，愤怒不仅会让你心中充满了仇恨，而且对事情的发展也没有一点积极的影响。拒绝愤怒，控制自己的情绪，这是智者经常对自己要求的事情。而真正的仁者往往首先会让自己是一个充满智慧的人，也就是说，仁者首先

170

会让自己成为一个会控制情绪的智者。

我们都清楚，人生是一个不断选择的过程，当你遇到不顺的时候，你同样可以有选择，你可以选择用愤怒的方式去对待；同样也可以选择用一笑而过的方式来对待。怎么选择，完全在于你的智慧有多高。

赵欣不仅是一个长得很不错的女孩，而且还很有头脑。所以，刚毕业半年，她不仅找到了一份不错的工作，而且凭着自己的本事坐上部门主管的位置。聪明的人都喜欢跟聪明的人交流，可是这个世界上，并没有那么多聪明的人。所以，赵欣面对下属们总是很难理解她说话的含义，就特别生气。结果时间一长，那一句"你怎么还听不明白，你猪脑袋啊！"似乎成为了她的口头禅。

老板为此批评了她很多次，赵欣知道这样很打击下属的积极性，所以也想改，但是一遇到类似的情况，仍然忍不住地发脾气。可是有一天，她在家所遇到的事情，让她决定必须认真对待这件事。

这一天，她回到了家里。由于工作了一天，非常累，结果一回到家里就躺到了床上。等她睡了2个小时，醒来后，她房东的宠物狗来到她的房间。

赵欣很喜欢这只狗，就想逗逗它玩。她把一本书扔在狗的身上，试图让狗把它捡回来。结果，狗没有捡起地上的书，而是把地上的一块纸巾给叼走了。她又扔了一本书过去，这次狗仍然没有把书捡过来，而是用脚推了推门；她觉得很有意思，就用手比画出书的形状，嘴里还说着："书，书。"结果，狗用嘴叼起了一张报纸给她，而且还是一副得意扬扬的表情，好像在说："你看，我多能干！"看着狗一副志得意满的样子，赵欣笑得前仰后合。

第二天，她就把这件有趣的事情告诉了老板。于是老板问她："你跟下属们安排工作的时候，他们听不明白，你会发脾气。可是狗听不明白，你为什么反而觉得有趣？"

赵欣一愣，她回答道："狗听不懂我的话，很正常。可他们是人，他们不应该听不懂我的话。"

老板说："应该？什么又叫作应该？每个人悟性不同，理解能力也不一样。就算悟性相同，他们所处的后天环境不一样，也会造成你们对同一个问题理解得不一样。人与人有很大的差异，你凭什么能说这是应该呢？"赵欣听到这里，不说话了，她现在才真正知道，自己以前确实犯了很大的错误。后来，不管是跟下属安排任务，还是跟下属说话，她都用谁都能听得明白的话来说，能简单她就尽量简单。下属如果不懂的话，她就耐心地多说几次。

赵欣犯的最大错误，就是没有用宽容的眼光看人。如果她不改变她那个爱发脾气的坏习惯，即使她再有才能，恐怕老板也不得不让她另谋高就。不能控制情绪的领导，绝对不是一个合格的领导，同样不是一个仁者的标志。很多时候，我们必须要学会忍让，学会迁就别人。那些爱发怒的人就是做不到这一点，结果他们的生活被自己弄得越来越糟糕。

人生活的质量主要在于是否能控制情绪。当你愤怒的时候，千万不要做出任何决定。有一个情绪控制大师是这样告诉人们如何对待情绪的，他说："当你感觉到愤怒的时候，那么请你马上采取行动，什么行动，那就是赶紧离开让你生气的人和物，这样做，你就会慢慢地冷静下来。"

有一个老年人，他有一个控制情绪的方法，每当生气的时候，围着自己的房子跑三圈。年轻的时候，他没有多少钱，只能选择住在很小的茅屋里。后来，他赚了很多钱，购买了大房子和很多土地。可是每当他生气的时候，仍然会围着土地和房子跑三圈。

孙子问他："爷爷你年纪这么大了，为何还要围着房子和土地跑呢？"

爷爷笑着说："每当我生气的时候，都会选择围着房子和土地跑。这样能让我迅速地冷静下来，思考如何处理那些令我生气的事情。也是因为这样，我比别人少走了许多弯路。"

不懂得控制怒火，就得走很多冤枉路。现在有些人可笑地认为，随意发脾气是我的个性，我的魅力。发脾气绝对不是个性，更不是魅力。关于这一点，有一个心理专家这么解释道："当你怒火充满内心的时候，你最好去镜子面前好好端详下自己，你会看见，那是一张恐怖的脸。"

不生气，是一种包容自己，善待他人的方式。当你学会了掌握自己情绪的时候，那么表示着你真正地走向成熟了。观察那些取得成功的人，我们不难发现，他们都有一个共同点，那就是在普通人该发怒的时候，他们却能做到不发怒。一个人要想少走一点弯路，要想取得成功，最需要的不是自己有多高的学历，以及多强的能力，而是能控制自己的情绪。

冷静一下，事事皆可一笑而过

不急，不急，停下来思考下，一切都可以用笑容坦然面对。

人需要冷静，尤其是遇到了突然改变我们人生事情的时候，更需要冷静。不知道，大家有没有发现一个事实，很多人都不喜欢那些浮浮躁躁的人。为什么呢？这是因为他们说话做事往往不经过大脑，结果造成人们总觉得他们说的话、做的事没有一点价值，最后就会认为，或许他这个人跟他行为一样吧，也是一个没有多少价值的人。

冷静是一种智慧，是一种豁达，是对自己人生负责的一种体现。最能体现出一个人智慧有多高的，往往不是看这个人在一帆风顺的时候所做的事情，而是当他突然遇到狂风巨浪的时候，是不是能迅速地冷静下来，勇敢地面对一切困难。

仁者就是积极主动在不伤害别人的前提下爱自己的人。最能体现出这一点的，恐怕就是冷静了。会冷静的人，恰恰又是最有价值的人，这样的人能取得别人无法取得的成就。

其实，事情突然发生变化的时候，手慌脚乱一阵子是一件无可厚非的事，但是真正有仁者之心的人，他会很快地冷静下来，想好如何面对一切。

在日常生活中，我们最常见的冷静方式就是沉默，当你跟某个人对某件事有争端的时候，如果你突然沉默了，选择用无声去面对有声，很多时候，你的这种忍让的人格魅力会打动别人。

在一家工厂里，一个技术员因另外一个技术员说了几句不好听的话而大为恼火，冒着大雨找到了厂长。厂长看到他如此急迫，以为发生了什么大事，可是当他听完这个技术员的话后，才知道，原来他是被另一个技术员给讽刺了，所以才来找他评理。

厂长温和地对这位技术员说："年轻人，很多时候，我们无法控制住别人的言行，即使我是厂长，也无法做到。既然事情已经发生了，那我就给你一个小小的建议。"

技术员点了点头，厂长继续用温和的口气对他说："别人的批评和侮辱，如果事实证明确实是他故意找事，那么是他品格有问题，你可以一笑而过，就好比你在大街上遇到一只对你不停狂叫的狗，你肯定不会对着它狂叫一样。因为你根本就没有把这件事放在心上。"

是的，很多事情，当我们冷静下来，认真地思考，就会发现曾经横在我们心间的那些事根本就不算是什么事。因此，当遇到跟别人发生争执、摩擦的时候，最好让自己先冷静下来，认真地思考下，这件事是不是真的值得在冒着影响朋友感情的危险下争吵。

人生不可能一帆风顺，遇到一些烦恼、打击或者来自他人的批评是在所难免的，一个人也只有经得住这一切的考验才能走向真正的心智成熟，成为一个真正的仁者，赢得人生新的成功与希望。有些事情真的没有必要争吵或恐慌的，冷静下来好好地思考一番，用微笑去面对，一切烦恼都会烟消云散。无论如何，我们都需要用一颗淡然冷静的心来面对这个千变万化的世界，这是对自己的人生负责，对自己的慈悲。

不记前嫌,相逢一笑泯恩仇

这个世界上,没有什么过不去的,忘记一切恩怨,才能给心灵腾出空间。

鲁迅诗《题三义塔》有句:"度尽劫波兄弟在,相逢一笑泯恩仇。"这句话的意思是,当我们都经历了劫难后,兄弟之间的情谊还在,相逢的时候相视一笑就把过去的恩仇全部忘记了。

在日常生活中,人们也经常引用这句诗,意思就是要化解亲人、同事、朋友之间出现的各种矛盾或分歧,相逢一笑泯恩仇,求得互相谅解,达到互相团结。恐怕这是一个连好莱坞影视编剧都不一定能编出来的曲折故事,但是在现实生活中却实实在在地发生了。

1982年,英国和阿根廷之间爆发马岛战争。

5月2日下午,英国军官纳伦德拉·塞斯亚所在的核潜艇"征服者"号用鱼雷击沉了阿军巡洋舰"贝尔格拉诺将军"号,造成了323名阿军官兵葬身海底,只有尼斯托尔·森奇上尉等少数人乘救生筏侥幸逃生。

可是,谁也没有想到,18年后,塞斯亚竟然能安然地坐在森奇的院子里一边喝茶一边跟他聊天。这究竟是怎么一回事呢?

2010年1月,塞斯亚在网上"冲浪"的时候,偶遇到了森奇。

塞斯亚向他表示自己至今对"征服者"号击沉"贝尔格拉诺将军"号并造成大量人员伤亡一事深感愧疚,他希望森奇能与他做朋友。

　　两国交兵，各为其主，塞斯亚所做的一切根本谈不上什么错误，但是任何一个人都是很难面对曾经造成自己很多战友死去的敌人，森奇也不例外，他表示不愿意回想当年军舰被击沉的情景。不过，他们并没有就此断了联系，在接下来的几个月里，他们谈了各自的家庭和生活，谁也没有主动触及马岛战争和"贝尔格拉诺将军"号。

　　他们在网上的友谊与日俱增，有一天，塞斯亚对森奇表示，希望有去阿根廷跟他见面的那一天。

　　2010 年 9 月，塞斯亚的这个想法实现了。

　　森奇主动去机场接塞斯亚，他今年 61 岁了，背有点驼，看起来比他的实际年龄要老许多。当他们两个在机场见面的时候，塞斯亚把行囊扔在地上，规规矩矩地向森奇行了个军礼。两人像老朋友一样紧紧地拥抱在一起。

　　仁者最大的体现之一就是不记仇，过去的一切恩怨用微笑去面对。

　　佛说，能在一起共事是缘，能生活在一片天地之下是缘，能做朋友更是前世修来的福分、缘分。可是，这种境界又有几人能够参透、又有几人会去真正珍惜？

　　相信没有人愿意为自己树立敌人，也没有人想让自己一直过着悲伤痛苦的生活。但是，有一个我们不得不接受的事实是人与人之间的交往，免不了磕磕碰碰。如果真的是发生了像上面塞斯亚和森奇的事情，一下子不能做到一笑泯恩仇或许还能理解，毕竟我们都不是圣人，但是很多人记仇并不是发生了令他们悔恨一生的大事，也就是说，让他们记仇的都是一些芝麻大的小事，比如谁在背后说了你一句不好听的话；别人故意给制造了一些小麻烦，等等。这些都是小事，如果事情发生的时候，忍让一下，克制一下，其实也就过去了，完全没有必要把仇恨像毒药一样埋藏在心底。

　　1997 年 6 月 29 日，对于喜欢看打拳的人来说，这是一个很重要的日子。因为这一天,世界拳击协会在美国拉斯维加斯举行世界重量级拳王争霸赛。挑战者是拳王泰森,对手是另一个拳王霍利菲尔德。

比赛中,泰森因为不满霍利菲尔德屡次抱拳和用头撞击,竟两次狠咬霍利菲尔德的耳朵。

结果,泰森被美国内华达州运动委员会吊销了拳赛执照并罚款300万美元,霍利菲尔德则顺理成章赢得了争霸战的胜利。

泰森这次失败后,他的人生开始走向了下坡路,而且靠他的双手累积起来的4亿美元巨款也逐渐被他花光,取而代之的是千万美元债务。其间,泰森多次在媒体表示自己为曾经做过很多的荒唐的事情而感到后悔,也曾对霍利菲尔德道过歉。不过对"咬耳事件",他依然坚持正确,认为那只是还击霍利菲尔德在比赛中的那些动作而采取的警告措施。

霍利菲尔德比泰森宽容了许多,当有记者提起"咬耳事件"的时候,他曾多次表示:"我的耳朵确实被泰森咬下了一小块,但并没有媒体宣扬得那么严重,而且我已经原谅了他,我和他依然是很好的朋友。"

后来,霍利菲尔德得知,泰森正是因为12年前那次"咬耳事件"才破罐子破摔,最终导致负债累累,他的眼睛顿时湿润了,他找到了《奥普拉·温弗瑞节目》著名主持人奥普拉·温弗瑞女士,希望她能从中牵线搭桥,让他实现与泰森见面。

奥普拉·温弗瑞觉得做这样的一件事很有意义,所以很爽快地答应了霍利菲尔德的请求,并当即联系到了泰森。泰森知道了奥普拉的来意后,很是感动,马上答应了她的请求。

2009年10月16日,在奥普拉位于芝加哥的录音棚内,43岁的泰森看见霍利菲尔德后,亲昵地拉起霍利菲尔德的手,激动地说:"霍利菲尔德非常谢谢你,我想对全世界的人说,你是一个非常仁慈的人。"之后,泰森坦率地对霍利菲尔德说:"当年,我虽然对你道过歉,不过那不是诚心的。如今12年过去了,我已经深深地明白了,我确实有些不对,我今天真诚地向你说一声对不起,希望你能接受。"

霍利菲尔德像兄弟一样抱住了泰森。

当主持人奥普拉·温弗瑞问霍利菲尔德："你能否告诉大家，为什么想到要来电视台与泰森和解？"

霍利菲尔德说："我是想告诉那些相互之间有了过节的年轻人，这个世界上没有什么事是不能被原谅的。看，我们两个又站在一起了，你们也可以。"

霍利菲尔德话音刚落，泰森就带头鼓起了掌，观众的掌声也随即响彻大厅。

节目最后，奥普拉·温弗瑞总结道："此时让我想起了中国的一句名言：相逢一笑泯恩仇。其实，仇恨也是一种友谊，一个经常对别人宽容的人，他做事会像水一样平静，也会得到更多的尊重。"

既然伤害已经成为了事实，我们就要学会好好善待自己，主动宽容别人。

人们做事不懂得忍让和包容，主要原因在于看不明、看不透。不记仇和记仇都是一种生活态度。前者会给你带来糟糕的生活，后者会给你带来幸福的生活。泰森和霍利菲尔德的故事就是最好的证明。

将一把污浊的剑放入清水中，无论它有多么污浊，终有一天，它的污浊会被水冲洗干净。仇恨，就像这把污浊的剑，而时光，就像是这汪清水。但并不是岁月真的能让我们忘记仇恨，而是当我们经历的事情越来越多，我们的心境会变得越来越平和，胸怀会变得越来越大，过去那些像一把利刃一样插在我们心间的仇恨，就不会过于在意了。

能过去的就让它过去好了，尤其是那些恩恩怨怨。其实，在我们的一生当中，有许多事，当你回头去细想时，再大的事也就只是我们一生中的一段回忆而已！如此一想，又何必呢？人生苦短，我们何苦要为难自己为难他人呢？恩与怨，爱与恨，都只不过是过眼云烟而已，实在没有必要总是放在心间。

得饶人处且饶人，有理也需让三分

真正有智慧的人，不会总跟别人谈理，他们会与人谈德。有德的人才会更让人尊敬。

那是一个很平常的上午，有一个妇女到农贸市场去买菜，她后面站着一位老人，由于市场人潮涌动，所以在拥挤的时候，她一不留神，一脚踩到了老人的脚后跟上。

"你干吗呢?"老人怒目而视，大声地质问道。

妇女赶忙向老人道歉："大爷，对不起啊! 我不是故意的，你看人这么多。"

"我不管你是故意的，还是无意的，总之我的鞋被你踩脏了，总是事实吧。"

面对着老人的不依不饶，妇女只好不停地道歉。结果，很多人都围了过来，当知道事情的原因后，都纷纷指责老人。老人觉得没有什么意思，只好不情愿地走了。

"有理也需让三分"这不仅是一种宽容的心态，也是一种善良的美德。

在生活中，尽管我们万事小心，也难免会做错一些事情，这个时候，如果有人宽容大度地包容了我们，我们一定会感觉到对方很善良。当对方做错的时候，我也能轻松地做到包容对方。但是生活并不是总那么如意，也就是说，你不小心做错了一件事之后，有可能不是得到了别人的宽容和理解，而是无休止的指责。但最后一件神奇的事情发生了：你是犯错的一方，但由于对方处处不饶人，反而成为了代表正义的一方。这似乎让人有点不可思议。

就拿上面这个小故事来说，老人被妇女踩了一脚，他的鞋被踩脏了，也许在妇女踩到他脚的时候，他还感觉到一股锥心的疼。老人有些生气是情有可原，但是在妇女真诚道歉后，即使他内心不是真的接受，也不应该继续跟妇女争执。这是一件别人一说就明白的事情，如果你总是因为自己占了理，就处处不饶人，别人肯定觉得你这个人品格有问题。

"得理不饶人"就会缺少人情味，有理也会变得无理了。从表面上看你摇动着胜利的旌旗，实则你已经慢慢地走向了失败。"得理且饶人"也就是见好就收，结果大相径庭。不仅让对方觉得你可敬可亲，也为自己设了一个台阶，留了条后路。否则一旦以后别人得了理，怎会轻易放了你？由此来看，"得饶人处且饶人"是智者的行为，是仁者的智慧。

这是一个在美国马里兰州流传很广的故事，很多人也许会认为这一定是发生在美国的故事，但事实上，这个故事发生的地点却是在中国上海的某一家大饭店。

有一天上午，有一个叫罗伯特的美国小商人突然闯进经理室，他生气地对经理说道："你就是经理吗？我刚才在大门口摔倒了，你们的地面怎么这么滑，太危险了，我还没见到这么差劲的饭店。马上带我去医务室。"

面对客人的不断指责，经理不仅没有生气，而且非常客气地说道："真的很抱歉，您的腰还疼吗？我们马上带您去医务室，请您稍坐一会儿。"

罗伯特坐在椅子上后，继续抱怨不停。经理这时拿出了一双舒适的拖鞋，温和地对他说道："请您把这个换上，它能让您稍微舒服一点，我们这就去医务室。"

检查很快就结束了，罗伯特没有什么问题，他也很冷静地跟经理回到经理室。

经理还是温和地对他说："没问题比什么都好，因为我们的饭店给您造成的麻烦，我再对您说声抱歉，请喝杯茶吧！"当罗伯特喝了一口茶后，经理把他的鞋还给了他。他把鞋穿上后，发现似乎有点不一样了。

经理和气地说道："很冒昧，我们擅自修理了您的鞋。不过您这双鞋后跟确实已经很薄了，我刚才叫了一个人把它送到楼下修鞋的地方换上橡胶后跟。这样一来，您就不会因为地板太滑，而滑倒了。"

罗伯特听了经理的话后，很高兴地说道："谢谢您的好意。您的关怀我不会忘记的。"经理送他出门时说："如果这件事我们做得有些不妥，请您忘记吧，欢迎您再来。"

罗伯特回到了美国后，经常跟朋友讲起他的这个故事，时间一长，他的朋友几乎都知道了中国上海有这么一家饭店，而且每当他们来到上海的时候，第一选择也会考虑这家饭店。

这本来是一件特别小的事，但是由于饭店经理退让，让饭店的生意变得越来越好。一个小小的矛盾没有升级，而且结局是皆大欢喜的，这是最让人欣慰的地方。

试想一下，如果饭店经理面对罗伯特抱怨的时候，直接说："这不是我们饭店地面的问题，而是你的鞋跟太薄了。"这虽是事实，但是罗伯特听到这样的话，肯定会不高兴，而且觉得相当的丢脸，出了这家饭店后，以后肯定再也不会住进来。还有一个更可怕的结果是，每当他向别人提起这次中国的旅行时，他或许就会无意地说："我真倒霉，住进了服务如此差的饭店。"看到了吧，得理不饶人，其实最受害的不是对方，而是自己。

每个人都应该对别人多一点宽容和谅解，特别是别人的错是无心犯的，你就更没必要把它放到心上。如果别人是故意伤害你，你也不要一味地寻求报复，"得饶人处且饶人"才是真正有智慧的人。

与人争辩，永远没有胜者

仁者也不是完人，他们也会犯错。或许就是这样，他们才不会用放大镜看别人，抓住别人的错误死死不放手。

很多人都喜欢跟人争辩，当你的朋友因为并不是你的原因而发生的问题把你狠狠地批了一顿后，尽管你不断地告诉自己要冷静，但你还是免不了要肝火上升，同朋友辩论不休、据理力争。这是一种很自然的行为，同样也是一种很不成熟的表现。

为什么这么说呢？因为争辩的结果，你永远都不会赢。有人也许会有疑问，为什么不会赢呢？明明真理就在我的手中，我怎么会得不到胜利呢？励志大师戴尔·卡耐基写的一个关于他的故事，能很好地解答这个问题。

有一次，卡耐基请了一位装潢设计师，让他为自己布置一些窗帘。当账单送来时，卡耐基大吃一惊。

过了几天，有一位朋友来卡耐基家里做客，看到那些窗帘，就随意地问起了价钱，当他听到价钱后，愤怒地说道："太过分了。我看他占了你的便宜。"

卡耐基知道朋友说的是实话，但他跟一个普通人一样，觉得让别人知道了自己被人占了这么大的便宜有损自己的智慧，于是，他开始为自己辩护，他说，贵的东西终究有贵的价值，你不可能以低价钱买到高品质的东西，等等。

第二天，另一个朋友来卡耐基家做客，当他看到那些窗帘后，也随意地问起了价钱，不过当他听到了价钱后，不是说卡耐基被骗了，而是赞扬那些窗帘非常精美。这时，卡耐基的反应完全不一样，他说："说真的，我上当了，我付的价钱太高了，我后悔买了它们。"

卡耐基第一个朋友说的是事实，但是卡耐基却觉得这是在侮辱自己的判断力；第二个朋友说的不是事实，但卡耐基听到耳朵里，却觉得很悦耳。这说明了我们想说的问题，有时候，真理即使在你的手里，你也很难赢得胜利。

与人争辩更是如此，因为别人选择跟你争辩，一般有两种情况，第一，他认为真理就在他的手中，所以他敢于勇敢地跟你争辩；第二种，他发现自己确实错了，但是由于不想被人当场指出来，只好说，自己没有任何错误，继续跟你争辩，并且还想尽办法拿出了各种看似合理的理由。不管是哪一种情况，你最后的结果都是输。

陈华没想到自己26岁的生日宴会上竟然会发生这样令她不高兴的一幕。

那天，为了庆祝生日，她把在同一个城市的好朋友们都请来了。

在宴会上，有一个叫张峰的人，说要给大家带来一首张学友的《冰雨》。可是当张峰唱完后，有一个叫李强的人走过来对他说："你错了，《冰雨》不是张学友的歌曲，而是刘德华的。"

张峰觉得自己没有错，坚持说这是张学友的歌曲。

李强看他如此坚持，就叫他问别人，看看谁错了。

大家看张峰和李强如此争执，都知道不管回答是张学友还是刘德华都会让另一个人觉得很没面子。所以，他们要么说，不知道；要么就说不是很清楚。

李强觉得很奇怪，《冰雨》是刘德华的歌曲，几乎是3岁小孩都知道的事，他们怎么会不知道了。张峰也很疑惑，因为在座的朋友当中，有人知道，他为什么说《冰雨》是张学友的歌曲。尽管他们都有一些疑惑，但是仍然坚持自己才是对的。

最后，陈华实在看不过去了，就走了过去，对他们两个人说道："你们是来给我过生日的，《冰雨》是张学友的歌曲还是刘德华的，有那么重要吗？"

这时，张峰和李强才发现，他们犯了一个很大的错误，就是总是想证明自己是对的，别人是错的，而忽视了来这里的真正目的。

在这里，仁者指的是懂得宽容礼让，不会因为利益而与人争执就如让梨的孔融一样。

与人争辩，你永远不会赢，即使你赢了，其实也输了，因为你证明了你确实比对方聪明，这就等于在直接地打击他的智慧、判断力、自尊心和荣耀，你很有可能会让对方更想还击你。做生意以及销售的人会经常这样对自己说："永远不要与人争辩。"因为他们知道，跟人争辩的时候，自己的情绪会受到很大波动，这样的谈判得到的结果往往会比自己心中预期的相差太多。有一个服装店的老板说了这么一个故事。

服装店刚开张的时候，我常不愿接受顾客的批评而发生口角，因此，丢失了很多客户。后来，有一个同行告诉我，做生意需要做到永远不要和顾客争辩。虽然对此我有些不同意，但还是这样做了。以前客户进了店后，就会说，我的衣服如何如何不好，别人的衣服如何如何的好。我会对他们说，你们说得真不错，如果你们买他们的，相信一定不会出错。他们听到我这样的话后，就没有话说了，要争论也无从说起。他们总不会在我的服装店里一直说，别人家的衣服是如何如何的好吧！就这样，我能找到一个很好的契机，向他们推荐我店里适合他们穿的衣服。

永远不要跟别人争辩对和错，因为即使你赢了，也输了。兼科学家、发明家以及文学家等于一身的本杰明·富兰克林对这一点很是赞同，他曾说："如果你一味地去争强、去争辩，即使你占了上风，这种胜利也是得不偿失的，因为你永远无法取得对方的认可。"为人处世的时候，我们要想得到别人的欢迎，就要避开争辩。最好的方法就是要懂得退让。记住，千万不要和别人做无谓的争辩，因为那样既得罪了别人又落不着好处。

退一步，才能更进一步

有时，退让，不是你弱者的表现，反而是一个真正的强者，一个智者，一个仁者。

在古希腊神话中，有一个名叫海格力斯的英雄。一天，他正在崎岖不平的山路上走着，突然看到一个鼓起的袋子，而且这个东西的位置很碍脚。于是他抬起脚来，用力地朝袋子踩了下去。让他没有料到的是，那个袋子不但没有被踩破，反而变得越发膨胀起来。

海格力斯被激怒了，他抄起一根大木棍，使出了吃奶的劲儿去砸那个袋子，那袋子居然开始加倍地变大，直到最后整条路都被堵死了。

这时，一位圣者在海格力斯身后出现了。他和颜悦色地对海格力斯说："年轻人，赶紧住手！离它远一些！这个袋子叫仇恨袋，如果你不惹它的话，它就会缩小到你刚看到它时候的样子。如果你不断地去侵犯它，它就会膨胀得越来越大，那时候，你永远都没办法从这里通过了。"

俗话说得好："忍一时风平浪静，退一步海阔天空。"遇到事情不冲动，多一分宽容和忍让，或许可以让我们避免许多不必要的麻烦，也可以减少很多不必要的矛盾。

我们需要清楚的是，退让和宽容并不会让我们失去尊严。相反，它恰恰是一种心胸豁达、成熟理智的表现。一时地退让不仅可以避免矛盾的加深，还能换来别人的尊重和感激。敌意和仇恨就像一面不断增长的墙，而宽容和退让则像一条不断加宽的道路。我们要学会宽容别人，善待恩怨，学会尊重自己不喜欢的人。因为宽容别人就是在宽容我们自己，在宽容别人的同时，也为自己营造一个安宁的心境。

一位心理专家特意做了一个实验。他让实验者去回忆曾经一个受伤害的场面。在固定的时间内，实验者要先用宽容的心态去回忆，接着再用不宽容的心态去回忆同样的场景。实验结果显示，实验者在用不宽容心态回忆时的平均心率都有不同程度的增加，而血压也在随之上升。看来，宽容有利于身心健康，并且能够消除仇恨等不良情绪。

不得不承认，往往由于各种原因，我们难免会和别人发生冲突。当你的朋友背叛你的时候，你是选择伺机报复，还是选择宽容他呢？当有人在背后恶语中伤你的时候，你是想用同样的坏话去攻击他，还是保持缄默、泰然处之？宽容是一种至高的人生境界，遇到矛盾的时候，不妨把自己的刺收起来，后退一步，站在别人的角度上考虑一下。只有能够原谅和包容他人，才能达到一种宠辱不惊的境界。

唐朝有个布袋和尚，他出游的时候看到一个农民正在田里插秧。只见那农夫一边插一边后退着，绿油油的秧苗便一株株地立起来了。布袋和尚看到此景，不禁感叹道："手把青秧插满园，低头便见水中间。心底清净方为道，退步原来是向前。"

面朝黄土背朝天的农民之所以要后退着插秧，是为了不把秧苗插歪。秧苗四周的距离整齐了，才会收获更多的粮食。

　　仁慈的人心地善良，心无杂念，与人相安，所以做一个仁者绝对不是指懦弱胆小怕事，它是上升到一定境界的感悟。在仁者看来，有些时候后退也是一种前进。然而，现在的社会竞争日益激烈，很多人为了生存在不停地向前赶路，他们已经忘记了后退的姿势，这种状态是很危险的。而仁者在遇到事情的时候，会给自己一些冷静思考的时间，让自己拥有更加广阔的心境，从而做出更加睿智的决定。

　　世界上没有不犯错的人，但如果能用一颗宽容的心去原谅别人的过失，包容别人的错误，自然会赢来别人的感激与尊敬，很多矛盾与过节也能够迎刃而解。如果凡事都要斤斤计较，得理不饶人，虽然为自己争足了面子，实际上却失去了很多宝贵的东西。

　　因此，我们不妨转换一下自己的思维，用博大的心胸去包容万物。当我们退了一步之后，就会看到一种出乎意料的美丽和一个意想不到的奇迹。在生活中，我们确实需要前进，但是要记住，暂时的后退也可以换得未来的前进。

第九章

立世，以信为贵

　　良好的信用，就如同自己的名片。有信用的人，大家才愿意和他相处。如果一个人满口谎言，说话不算话，即使能力再强也会在人际交往中碰一脸灰，如果在能力和人品之间选择，几乎所有的人都会选择人品，选择一个有信用的人。

诚信是立足的根本

一个人无论从事何种职业，无论你的地位高低，都要严守承诺。只有诚实守信，才能取信于人，这是做人与做事的基本保证。

诚信是做人的根本。为什么这么说，因为一个人一旦失去了诚信，就不再有人主动跟他交往，即使他想尽办法想跟别人套近乎，别人也会敬而远之。诚信真的如此重要吗？没有它就真的很难在这个社会上立足吗？答案是肯定的，不讲诚信的人，我们在交代他们办事的时候，他们就好比一个定时炸弹，说不定什么时候要把你炸得遍体鳞伤。

诚信是一个人最基本的品质，一旦它出了问题，一个人的其他品质也会出现很大问题，影响他自身的发展、他的社会关系和他的生活。诚信并不仅仅只是指做人要守信，它还有做人要真诚的意思。小时候，父母以及学校的老师们总是反复教导我们："为人要注意诚信，不要随便撒谎，不要拿别人的东西，答应别人的事一定要做到。"

那是 18 世纪的深夜，夜里很安静，一个有钱的绅士刚从朋友家做客回来正向家里赶去。当他走到街道的转角处的时候，一个衣衫破烂的男孩拦住了他。

"先生，买包火柴吧。"男孩说。

"我不买。我根本就不需要那个。"绅士急着回家，说完，立即往前走。

男孩仍然不放弃，追上去说道："先生，在这么黑的夜晚里行走，你总有需要它的时候。"

绅士没有回答，继续往前走。

男孩追了上去，苦苦哀求："先生，请你买包火柴吧。我今天一天都没吃东西了。"

绅士也许是被男孩的话给打动了，也许是不想男孩再纠缠自己，便停了下来，翻了翻口袋，然后对他说道："真的很抱歉，我没有零钱。"

"没关系，火柴先给您，我知道有一家商店很晚才关门，我现在就去给您换零钱。"说着，男孩拿了绅士的一英镑就跑步走了。

绅士等了许久，男孩依旧没有回来。绅士只好无奈地回家了，他想，或许碰到了一个骗子吧。

但是故事并没有结束。

第二天早晨，绅士一来到上班的地方，就有人告诉他，有一个卖火柴男孩的弟弟想要见他。绅士把他带到了办公室，那小男孩把零钱放在了他的桌上，就打算走。

绅士有些好奇地问他："你哥哥呢？"

小男孩停住了脚步，悲伤地说道："我的哥哥昨天在给你换完零钱后就被车撞伤了，他正躺在家里。"

绅士感到很惭愧，也因此为男孩的诚信而感动，因为他还以为自己遇到了一个骗子，却没有想到会发生像车祸这样的事情。更难能可贵的是，发生这样的事情后，对方还能把零钱还给他，他决定要帮助这个讲诚信的小男孩。他见到被车撞伤的男孩时，男孩激动地试图从床上坐起来，男孩低着头说："先生，对不起，都怪我没有及时把钱还给您，失信了！"

绅士安慰他要好好地养伤，当他了解到这对亲兄弟的父母双亡时，还毅然地做出决定要把他们生活所需要的一切都承担起来。

这是多么令人感动的故事啊！很多时候，我们总是不明白，为什么自己那么努力地工作，并且自己的能力也确实比别人强，但就是得不到升职和加薪呢？如果这样的事情发生在你的身上，那么一定要好好地反思自己是不是品格上有问题？因为一个品格不行的人，即使你能力再强，老板也不敢重用。而最能体现一个人品格的就是诚信。换言之，只有你真诚待人，守信，再加上你有卓越的工作能力，老板才会真正地重用你。

有一个走南闯北的商人，做了一辈子的买卖，终于拥有了几间铺子。眼看自己一天一天老了，他觉得应该早点把自己的生意交给他的儿子来打理。

老商人的老伴去世得早，膝下有三子。大儿子和二儿子机灵，常能想出一些鬼点子来；小儿子性情憨厚老实，只知道读书，很少管家里的事。他想了很久，也拿不定主意该把辛辛苦苦得来的生意交给谁才好。

70岁大寿的那一天，老商人把三个儿子叫到书房里，慎重地对他们说："孩子们啊，你们也知道，我年纪大了，怕是活不了几年了，所以今天，我有一件事情要交给你们去办。如果你们办好了，那么我们家的生意就由他来管理。"

老商人让他们三个从已经装好土的花盆中挑一个出来，然后拿出三粒种子，给了他们每人一颗，严肃地说："这是我精心挑选的花种，半年时间你们谁能在选择的花盆里种出最让我满意的花，那么我就把我的铺子全部交给他。但是要记住：只能用我发给你们的种子！只能用这花盆里的土！"

三个儿子马上把花盆和种子带回了家。大儿子和二儿子回到家里，精心培育了几天，发现花盆里的种子没有发芽，心里别提有多着急。他们精心培育了一个月后，他们的种子依然没有发芽，眼看离半年的时间，已经过去了六分之一，种子却没有一丝发芽的迹象，他们越来越着急了。最后他们想出了一个办法，就是从花匠那里买了同样品种的种子，又更换了花盆里的土，高高兴兴地把花盆抱回家。没过几天，那种子就发芽了。

憨厚老实的小儿子每天按时给花盆浇水，可就是不见发芽。他一点儿也不着急，仍然按时浇水施肥。半年的时间转瞬即逝，该是老商人验收花的时候了。三个儿子都端着花盆来给老商人看，大儿子和二儿子养的花都枝繁叶茂，还开出了很鲜艳的花朵。老商人看着那些漂亮的鲜花，并没露出高兴的表情，反而有些忧虑。当他看见小儿子的花盆里什么都没长出，什么都没说，就把铺子的账本交给了他。

大儿子和二儿子很不服气，生气地质问老商人："父亲大人，三弟的花盆里什么都没有，您怎么就把铺子都给他了呢？"

老商人咳嗽了下，说："你们知道，做生意最需要什么吗？"

大儿子和二儿子异口同声地回答道："当然是诚信啊！"

"可你们做到这一点了吗？做生意其实跟做人一样，只有你的人做到了诚信，别人才会去你的店里买东西，可你们——"

大儿子和二儿子依然不明白老商人为什么要这样说。老商人看他们直到现在还不明白自己失败的地方在哪里，气得又咳嗽了两下，缓缓地说："那是三颗炒熟的种子，根本就不可能发芽开花。"

诚信是一个人立足的根本，做了一辈子生意的老商人比任何人都清楚信誉的重要性，所以即使小儿子没有其他两个儿子机灵，他仍然决定选择他作为自己的接班人。

诚信是做人的美德，做人的根本准则，是一个人安身立命之道。讲诚信，并不是为了能赚多少钱，而是做到问心无愧。著名教育家陶行知曾说过："千教万教教人求真，千学万学学做真人。"只有用诚信校正成长的脚步，人生才会更踏实精彩。

守住诚信，成功才会来敲门

讲究诚信不是为了得到什么，但是诚信确实是有力量的。换言之，你诚信了，成功不是早来就是迟来。

仔细观察，古今中外那些名人，之所以能赢得人们尊重，取得别人无法取得的成功，细细分析原因，他们都有一个共同点——诚信。可以说，诚信是成功的条件。

诚信是人的本钱，不讲诚信的人，我们不能说他是个彻底的失败者，但有一个事实是，他们做什么事情都很难成功。如果你依然坚守诚信，那么你就有了比别人更多的取得胜利的优势。

诚信不是口号，而是要从每一件小事上做起。仁者都非常重视自己的细小行为，比如他们即使不小心说错了话，也要认真地对待。

提起摩根家族，恐怕没有人不知道它。但是如果你问他，摩根家族是如何建立起这么大的财团的。恐怕即使有人知道，也不敢相信，因为摩根财团的创立竟然是因为一场火灾。换言之，摩根财团的建立来自于一次危机。

1835 年，摩根先生来到了美国，他成了一家名叫"伊特纳火灾"的小保险公司的股东，因为这家公司不用马上拿出现金，只需在股东名册上签上名字就可以成为股东，这符合摩根先生没有现金但却能够获益的设想。

就在摩根成为这家公司的股东后不久，狂风巨浪向他们的保险公司狠狠地扑来——一个客户不幸发生了火灾。按照与保险公司签订的合同，如果要全额支付保险金的话，保险公司将会面临破产的境地。出于对自己利益的考虑，很多股东都要求退股。

但是，摩根却没有这样做，他固执地认为自己作为公司的股东，信誉应比金钱更为重要。于是他四处筹款，没有现金，他甚至卖掉自己的房子和车子。最后，他将筹到的钱如数付给了那位不幸的客户。因此，很多人嘲笑他是一个大傻瓜。

股东走了，员工走了，这家保险公司最后只剩下了摩根一个人。可以说，除了一家没有任何资金的空壳子公司，他一无所有。在无奈之下，他从朋友那儿借了一小笔钱做起了广告：凡是在保险公司投保的客户，都要加倍支付保险金。令他没有想到的是，一件神奇的事情发生了，前来投保的顾客竟蜂拥而至。原来，经过那次火灾之后，摩根的保险公司的声誉一下子超过了很多有名的大保险公司。凭借着良好的信誉，摩根的公司逐渐发展壮大，最终成为华尔街的巨头，成为美国财富界的传奇。

摩根的成功不是因为自己专业技术的能力，也不是因为自己拥有比别人更多的资源，而是靠自己的人格魅力。现实很残酷，残酷得让你不敢相信，但是，如果你在最艰难的时刻，也守得住诚信，别人就会深深地被你的人格魅力所感动，你也会成为最后的赢家。

渴望成功是一件好事，但我们要注意自己成功的手段和方式。

中国有句老话："留得青山在，不怕没柴烧。"你的信誉就是青山，只要你拥有良好的信誉，资金不是问题，成功也会变得水到渠成。一旦失掉了自己的信誉，那么失去的就不仅是一时的小利，而是自己安身立命的关键品质。

人生在世，"必诚必信"，答应了别人的事情，就一定要去做，不管遇到何种困难，想方设法也要兑现自己的诺言。无论是在工作还是生活，你的信用越好，就越能够为自己以后的成功顺利地打开局面，处理好各种关系。

当诱惑迎面袭来，仍恪守诚信

最让人感动的是你在巨大诱惑下，仍然守住自己的原则。

一个人在什么情况下最让人敬佩、让人感动。有人回答是在困境的时候，得到了别人的帮助；有人回答是付出得到了回报。这些答案都不错，不过这里有一个更合适的答案，就是当他面临巨大的诱惑的时候，仍能对你恪守诚信。

2007 年，黑龙江发生了这样一件真实感人的故事。

那年的 10 月 10 日的晚上，对于全国的彩民来说，这是一个令人难忘的夜晚。因为黑龙江的一位彩民中了 6500 多万元的大奖，创下内地彩票奖金的最高纪录。

中奖的人是谁呢？记者们四处寻找。最后他们找到了这位幸运儿，他是一名小老板。小老板买彩票中大奖，这不是什么稀奇的事情啊！但是中奖的背后，却有一个让所有人都没想到的事情。原来彩票并不是这个小老板买的，而是他出钱让自己的员工去买的。这个老板也没有对这个员工说，具体要买什么号。也就是说，当这名员工得知中奖后，他是有机会神不知鬼不觉地把这笔奖金占有的。可是，他并没有选择这样做，而是第一时间把中奖的情况报告给了老板，并将彩票如数归还，没有说出任何要报酬的话。

如果这位员工是一位千万富翁的话，他这样的行为可能并不会让人太过感动。但是，他仅仅是一个月工资 800 元，还得养家糊口的小职员，这就难能可贵了。对于这件事，市民们给予他"史上最诚信员工"的殊荣。

　　面对巨额大奖，对于一个生活条件比较艰苦的人来说，他需要面对的压力不知有多大。这些钱，代表着他将彻底地改变自己的命运。当然，此时也正是考验一个人是否诚信的时候，巨奖就像是一面魔镜，可以照出一个人的善恶美丑。很多人就在这个时候，把曾经的山盟海誓，感情友谊，全部抛弃了。也恰恰因为这样，诚信才如此可贵。

　　按照民间的说法，只有财气太旺的人才会中奖。然而，在这位员工身上，我们不仅看到了财气，更看到了"诚信"的做人之根本。在这位员工的身上，我们看到了中华民族固有的传统美德得到了充分的继承和发扬。

　　在金钱诱惑面前我们更需要坚持以诚信为本，只有这样，我们才能成就自我、立足于世。

　　古代有一个叫黄裳的秀才，不管他走到哪里，人们都非常欢迎他。为什么如此，那是因为他不仅学问深厚，而且做人非常诚实。

　　有一天，他去城里办事。晚上的时候，他住在城外的一家小客栈里。当他正准备往床上躺下的时候，忽然觉得自己的腰部被一个硬邦邦的东西给硌了一下。他用手一摸，发现是一个布袋子，打开袋子一看，他顿时被眼前的东西给惊呆了，原来袋子里全是珍珠，有六十多颗。

　　他赶紧把珍珠放到袋子里面，然后将布袋口重新扎好。这一夜，他辗转反侧，他快20岁了，可从没见过如此多的珍珠，如果卖掉的话，不知道能卖多少钱呢？可是，我该如何处理这些珍珠呢？最后，他还是决定把这些珍珠还给它的主人。

　　次日早晨，他离开客栈的时候，对店主说："如果有人要找珍珠就让他去这个地址找我。"他把一个写有地址的小纸条给了店主。

　　第二天，就有人上门了，说自己是丢失珍珠的人。黄裳请他与自己一起去官府对证一下，以防珠子被他人冒领了。

　　当他们来到官府后，丢失珠子的人说出了珠子的品质和数量，官员打开布袋后亲自数了一遍珠子，接着又找来珠宝店的老板当场验证，最后证明，一切跟这个人说的吻合，才将装有珍珠的袋子还给了失主。

失主很是感激，当场要送给他几颗，可黄裳笑了笑说："谢谢你的好意，如果我想要珠子的话，我们肯定不会站在这里，既然都将珠子还给了你，那一颗也不会收的。"

这件事被传扬出去后，人们纷纷夸黄裳是一个诚信的人，都愿意与他打交道。

拾金不昧是一种美德，亦是仁者必然做出的行为。面对诱惑的时候，还有比财富更贵重的东西，那就是诚信。假如一个人丧失了诚信，那么他绝不会有拾金不昧之举，更不会得到他人及社会的肯定。

我们常讲，诚信是做人的根本，在为人处世时，我们唯有做到诚信，才能拒绝利益的诱惑，才能得到他人的真心对待，也才能获得事业上的成功。

守信，就是说话算数

做人说话一定要算数，不算数别人就不会把你当一回事。

生活中，几乎每个人都希望能赢得别人的信任。但常常有一种人老是抱怨别人不信任自己，仔细观察，问题不是在别人身上，而是他们自己的德行出现了问题——他们答应别人的事，遇到一点麻烦，第一时间想到的不是克服，而是寻找自己不能兑现诺言的理由，也就是说，自己先允许自己不去履行诺言。

久而久之，他们就会形成一种坏习惯，他们不仅对别人的事情不是很努力，对自己的事情也不是很努力，稍有不顺心的地方，就会罗列一大堆借口，为自己的懒惰和不履行诺言开脱。这样的人别人当然没法信任他。

有些人跟他们相反，他们做事不是给别人看，而是给自己看。对自己的事情他们竭尽全力地去完成，对别人的事情，他们更是想尽办法也要做好。他们这样做，也许在很多时候不仅得不到任何一点利益，甚至还不会被人知道。但时间一长，人们早晚会知道他的为人，因他的人格魅力而感动。

有一句话叫作"应人事小，误人事大"，意思是，你对别人的要求答应不答应其实只是一件小事，但是，如果你答应了别人，却没有兑现还耽误了别人，那就是大事了。

张浩是一家公司的普通职员，他的一个朋友刘轩刚刚成立了一家自己的公司。为了庆祝一番，刘轩在酒店邀请过去的一帮朋友欢聚一堂。朋友们玩得很高兴，都祝福刘轩生意节节攀高。这个时候，张浩突然说："刘轩放心，你的单子我给你包了。"

其实张浩明白自己根本没有那么大的能耐，可是为了面子他还是毫不犹豫地说了出来。结果，这句话所有人都记住了，朋友们都说张浩够义气。一瞬间张浩感觉自己很伟大，于是夸下了更多的海口引得朋友们无不羡慕。

张浩的话让刘轩牢牢地记在了心里。几天以后，他去找张浩做单子，而张浩只不过说说而已，并没有想着刘轩真的找他帮忙。这下张浩慌了，因为他自己根本就没有什么把握。

张浩知道自己没什么本事，也就坦白地对刘轩说："我只是嘴上说说，没想到你还当真了。"从这之后，朋友们开始感觉张浩并不像他说的那样，于是对他产生了一丝反感。而张浩自己也高兴不到哪里去，情绪越来越急躁。

一个成功的人，他们会永远记住自己的诺言，绝对不会出尔反尔，说话不算数。你自己说过的话，你就应该实现它，不管代价是什么。你既然敢于说出那样的话，就要想尽办法去实现他。如果知道自己实现不了，当初就不应该乱许诺，言而无信的小人是大家最深恶痛绝的。

众所周知，人是很难被别人打垮的，能打垮的只有我们自己。无论何时，都要做到一言既出，驷马难追，不辜负别人的信任，不辜负自己的诺言，给自己一个心安理得的交代，其实不亚于我们去成就一件伟大的事业。

说话算数，记住自己的承诺能使你受人尊敬，也能给你带来很多成功的机会。许诺不是撑面子，而是给自己的信誉盖上了章。任何人只要对他人许下了诺言，不论环境如何改变，地位怎样增高，财富如何雄厚，都必须说话算数，为自己的言行负责。也许当时你为了这个承诺，付出了很多，但是你会在以后收到十倍，甚至百倍的回报。

记住守信能给你带来尊严，有尊严别人才会尊敬你，这是每个人成功的前提。请永远记住自己的诺言，做一个信守诺言的人，是我们立身处世的基本要求，这样，我们的人格才会熠熠生辉。

信誉比金钱更重要

失信于人，即使你有再强的能力，再多的金钱，也赢不到别人的尊重和欢迎。

不管是做人还是做生意，都不能没有信誉。没有信誉的人就会被人孤立起来，这样的人不管做什么样的事情，都不会取得预想中的成功。相反，如果你重视信誉，人们也都相信你，那么即使你办一件复杂又困难的事情，也会有人给你主动提供帮助的。

参茸、人参这些保健品原产地是东北，但经商的人都知道，全国的参茸市场却在浙江温州。这到底是怎么一回事？东北和温州可是千里之遥！让人感觉更奇怪的是，一样的人参在东北和温州的价格每公斤仅仅只差了100元。

我们稍微算一算，就知道这是赔本的买卖。但是为什么精明的温州人仍然要选择做呢？这让人费解，不过这也正是温州人的智慧所在。

起初，温州人从东北买到参茸、人参，不仅量大，而且都是一手交钱，一手交货。这让东北人觉得温州人讲诚信，靠得住。所以，即使后来温州人先付百分之三十左右的定金，把货物卖掉后再把钱交齐，东北人也还是会选择跟他们做生意。这就是信誉的力量所在。

温州人从不拖欠，让东北人感到非常踏实。到了最后，温州人要货的时候，他们甚至可以不用交定金，来年卖完货再付款。这也是为什么温州人敢于把参茸、人参迅速地在市场上销售，有时候甚至低于进价销售，这在外人眼里是不可思议的。

其实，虽然他们可能一时在参茸、人参这个买卖上损失了一些钱，但是他们却能在一年内让资金周转好几次，这利润是相当可观的。这时的参茸就相当于银行里的贷款了。

信誉是仁德体现，是人的根本，要做事必须先做人，这是很多成功者一直说的话。他们也是一直这样做的。这个世界上还有比让别人充分信赖更有价值的吗？得到了别人的信赖将会有多少事情变得简单！现在很多企业家，即使身上没带钱也能采购到货物，原因是什么？是因为他们把信誉看得比金钱更重要。

不重视自己的信誉，就很难成为一个仁德之人，这样的人即使能力再强，也很难获得成功。

世人公推的华人世界船王包玉刚曾经说过："如果在金钱与信誉的天平上让我选择的话，我会果断地选择信誉。"包玉刚重信誉、守信用的品格在香港商界、实业界、金融界是有口皆碑的。他那"言必信，行必果"的豪爽作风，使他不管走到哪里都会有人帮助他。

包玉刚把信誉比喻成"签订在心上的合同"。他认为："签订合同是一种必不可少的惯例手续。纸上的合同可以撕毁，但签订在心上的合同撕不毁。"是的，真正重视信誉的人，绝对不是嘴巴上说说，他们会用自己的行动告诉世人，他们把信誉看得比金钱更重要。

张天是洛阳的一名郎中。由于他医术高超，待人仁厚，所以方圆百里的人都知晓他的名字。有时候，看病的人没钱付账，他就说："治病比什么都重要，钱什么时候有，再给就是了。"有的人一拖就是一年，但他也从不上门讨账，每到年底，他还会干一件别人看起来极为愚蠢的事，就是烧掉一些还不起钱的欠条。

一天，有个人又看见他在那儿烧欠条，很不解地说："你这人是不是脑袋有问题，不然，怎么会做这样的傻事？"

张天笑着说："你们也许认为我真傻，其实错了，我卖药卖了40年，其间有不少郎中想跟我竞争，但最后都失败了，不得不转行。我之所以到了如今还在继续卖，而且还能把生意做得这么好，就是因为我把这一切都看得清清楚楚。如今，我已经记不清烧掉别人多少欠条了，这些都不是真心地不想还，一旦他们当了官，发了财，没有欠条，他们依然会把我的恩情记在心里，会加倍还给我，真正不能还的毕竟只是极少数。而且人们对你信任，才会来找你，而不是找别人，这是无论用多少金钱都买不来的友情。"

把信誉看得比金钱还重要的人，能得到比金钱更值钱的东西，其中包括别人的信任、敬重。

因此，要使人生真正地成功，必先重视你的信誉。信誉最要紧的是与人约定要守信誉。用商品来比喻，就是商品的价格要与价值一致，这样才能建立商品的信誉。在商业场上与人约好时间商谈，严守时间最要紧，这样才能建立做生意的信誉。

做不到的事，不要轻易承诺

许诺的时候一定要谨慎，不要因为自己的嘴巴而走了不少冤枉路。

一个诚信的人是不会为了虚荣而夸下海口的，他们行就是行，不行就是不行，有多大本事做多大的事，能帮助别人就尽量地帮，不能帮助别人也不会随意应承。

古人讲"君无戏言"，这说的正是承诺。对于重守承诺之人，很多人却常常嘲笑，说他们不懂得变通，墨守成规。可是，假如一个人不信守承诺，那么长此以往，还会有谁相信他呢？

如果你对他人有过承诺，那么就一定要做到，要知道言而无信的人是非常危险的。生活中，许多人都做过空洞的承诺，然而这些承诺给他们带来的除了鄙视以外，更多的还是失望和悲哀。

西周时期，君主周武王去世，周成王随后即位，然而由于周成王年纪尚小，就由他的叔父周公旦摄政。周公充分发挥聪明才干，根据周王朝实际情况，制定出一套典章，将周朝治理得国泰民安。

这天，周成王闲来无事，就与弟弟叔虞在宫内的一棵梧桐树下玩耍。正当他们玩得起劲的时候，一阵秋风吹来，梧桐树上的叶子纷纷落下。

周成王顺手捡起一片叶子，一时兴起，就用小刀将其切成一个玉圭，这个玉圭在当时是分封诸侯的符信形状，于是就将它随手送给了叔虞，并开玩笑地说：

"弟弟，我要封你一块土地，这个先给你。"

叔虞接过周成王用梧桐叶做成的"圭"，兴奋地拿着它跑到叔父周公那里，告知了此事。

此时，因成王年幼，周公旦代替执掌国政。他听了叔虞的话后，便立即换上礼服，跑到官中去向成王道贺。周成王见叔父向自己道贺，不明所以，于是不解地问："叔叔，您为什么要特地穿上礼服，向我道贺呢？"

看着已将树叶"圭"忘得一干二净的成王，周公依然面带微笑，对成王解释道："皇上，刚刚我听说你已经册封了你的弟弟叔虞！这是件非常好的事情啊，我怎么能不赶来道贺呢？"

"啊——你说的是那件事啊！"周成王恍然大悟，这才想了起来，不禁哈哈大笑地说，"哦，叔叔，我记起来了。那只是我与叔虞闹着玩的，并非是要真的册封他！"

成王的话音刚落，孰料周公立即收起笑容，对他严肃地说："世间不管是谁，都要以'信'为本，说话也要以'信'为重。作为天子的你，说话不可以随便，更不能像开玩笑那样。如若不然，怎么能让天下的老百姓信赖你呀！如此，你还有资格做他们的天子吗？"

成王听了周公的一番话，深感惭愧……于是，迅速下诏：将唐地册封给了叔虞！

这个故事就是历史上著名的"桐叶封弟"。

相信很多人都对故事中的周公的行为不解，认为他小题大做，孩童之间的玩笑话怎么能当真呢！可是，试想一下，如果周公不这么做，那么朝臣及民众就会认为周成王说话随意，不守承诺。周公如此做，正是为了不让周成王落下不守承诺的名声，树立天子的威信，对于这，我们能说这不是最大的仁吗？

为人处世之道，在于信守自己的诺言，既是一种高尚的品质和情操，也体现了对人的尊敬与对己的尊重。但是，对于有些言过其实的许诺及轻诺，应当是我们每个人所要反对的。要知道，言而无信、背信弃义的丑行是为人所不齿的。

公元前 408 年，魏国与中山国开战，当时魏文侯拜乐羊为大将，领兵五万人攻打中山国。当时，乐羊将军的儿子乐舒在中山国为官。中山国因国力衰微，无法抗击魏国，于是国君就想利用乐羊父子关系，一再让乐舒去请求宽限攻城的时间，并说到时自然会答应魏国提出的条件。

乐羊为了减少中山国百姓的灾难，于是数次答应乐舒的要求，并让其转告中山国国君，尽早信守承诺、答应条件。如此几个月过去了，乐羊还没有发兵攻城。这个时候，魏文侯派人来问责乐羊，为什么这么长时间还没有攻城。

乐羊回答："我之所以再三拖延，并非是顾及父子之情，而是为了取得中山国民心，让百姓看清他们的国君是一个怎样失信于人的人。"

最后，乐羊见时机成熟，遂发兵攻城。失去了百姓支持的中山国国君，一战即败。

我们总讲做人要诚信，中山国国君正是没有做到这一点，数次违背当初说的话，没能信守承诺，导致失去民心，城门很快被攻破。

美国国父华盛顿说过这样一句话："一定要信守诺言，不要去做力所不及的事情。"这位伟人告诫人们，为达到目的而去许诺别人，结果却不可以如约履行，是极易失去依赖的。

因此，一定要记住，只有厚道为人、不轻易许诺，才能获得他人的认可与尊敬。

失去信用，你将一无所有

信用跟你的生命密切地联系在一起，失去它，就将失去一切。

相信大家都知道一个人只要偷窃一次，就会给人留下小偷的印象，那么今后只要发生盗窃，人们肯定第一个想起的就是他。也许这有失公平，人们不应该总用老眼光看别人，但这就是人们的惯性思维：一个人只要做了一件坏事，很容易就会做第二件、第三件。要想自己的形象不贬值，只有一个办法，那就是让自己坚持原则，保证自己身上没有任何污点。

关于诚信，有这么一个故事。

周幽王有个宠妃叫褒姒，是一个冰美女，从未对人笑过。为此，周幽王下令："谁要能叫娘娘一笑，就赏他一千斤金子。"有人给他想出了烽火戏诸侯的馊主意，以期博取褒姒一笑。

于是一天傍晚，周幽王带着爱妃褒姒登上城楼，命令四下点起烽火。临近的诸侯看到了烽火，以为西戎来犯，便带兵赶到城下救援，但见灯火辉煌，鼓乐喧天。一打听才知周幽王只是为了取悦娘娘而干的荒唐事，各诸侯汗流浃背，狼狈不堪，敢怒不敢言，只好愤然离去。褒姒见状，果然淡然一笑。只是没有想到的是，不久后，西戎果真来犯，虽然点起了烽火，但各诸侯以为周幽王又是故技重演，都按兵不动。结果都城被西戎攻下，周幽王被杀，褒姒被俘，西周因此灭亡。

千百年来，《烽火戏诸侯》这部戏不断被搬上舞台，但仍然有不少人把诚信视为儿戏，最终肯定没有什么好下场。作为领导者，要想搞好管理，必须守住诚信。失去诚信，你将威信全无，最后，可能一无所有。

相信大家都知道吕布是三国里有万夫不当本事的战将，但是由于他反复无常，不重视诚信。先投丁原，后投董卓，最后败于曹操，他对曹操说："如果您让我带骑兵，您带领步兵，就可以平定天下。"但曹操一想到吕布的为人，还是下令勒死他。看来，要是失信于人，即使你有再强的能力，也会遭到唾弃。

即使吃亏也要维护信誉

诺言就是你的债务，欠债要还，允诺则必兑现。

人们常说"吃亏是福"，其实这句话也可以这样理解，为了信誉吃点小亏，就是为以后埋下成功与幸福的种子。

在生活和工作中，我们总会遇到不顺利的事情，而当要面临选择的时候，如果能够舍弃一些小的利益，维护信誉，那么吃这样的小亏就会很值得，因为它可以为我们带来更多的回报。

在如今的社会，信誉能够影响各行各业，虽然它身无形、影无踪，但是却如一股无形的力量贯穿着我们生活的方方面面。个人或企业的最大财富，就是信誉，它是外界评判的重要标准，亦是成功的重要根本。

一家超市热热闹闹地开业了，但是这条街上已经有了两家超市，也就是说，市场已经非常小了。但是新开的这家超市老板,似乎一点也不担心赚不赚钱,他对别人说:"做生意,只不过是为了吃一口饭,童叟无欺最重要。"

尽管老板很乐观,但是上天并没有因此特别照顾他,超市刚开不久,他就遇到了一个大麻烦。有一个进货员主动向老板检讨:他不小心进了一批质量不是很好的腊肠,虽然肉质问题不大,但是味道跟其他牌子相差太远。而且包装上也有一点问题,包装上明明写有这肠会有一点辣味,但是事实上,吃到嘴里却感觉不到一点辣味。

老板想了想,说:"这样吧,我们把实情告诉顾客,然后以半价销售。"

员工哭丧着脸说:"可这样一来,我们岂不是要亏很大一笔钱。"

"没办法,做生意我们可以少赚一点钱,甚至吃亏,但是绝对不能失去诚信。"第二天,腊肠果然以半价上架。虽然腊肠3个月后才销售完,但是超市却被老板办得越来越红火。

吃亏就是占便宜,如果你在信誉上吃点小亏,那么就是占大便宜。

诚信,是一种无形的财富。在某些时候,诚信显得比金钱更珍贵,宁可赔钱,也必须守住信誉,这是一个希望取得成功的商人必须做到的事。一个人如果诚实有信,不违背原则,有困难了,别人也会雪中送炭。

但是,如果因为贪图一时的便宜而失信于朋友,尽管看起来得到了一些东西,但实际上是在诋毁自己的声誉,无异于斩断自己的后路,断送自己的未来。

诚然,信誉的维护并非易事,很多时候,我们必须要付出一定的代价。然而,正是这些代价往往更让别人看中你的为人,因此人们才会更加重视你、珍惜你。所以,有时肯付出、敢吃亏,也是最有价值的投资之一。

15年前,一位从浙江来的商人在北京中关村与人合租了一个小门店。那时,他们的资金只有6000元,他相信IT事业的前景是一片美好的。所以,不管环境再恶劣,遇到再多再大的困难他也坚持着。

一天,一个东北人来北京购买电脑,听到他的报价后,东北人简直不敢相信自己的耳朵,因为价格低得难以想象。签完单子后,浙江商人才发现自己把价格报错了,假如继续做这笔生意,他将赔一万多元。这时,他犹豫了,面前有三条路:第一条是守信誉,做一个诚信的人,继续把生意做完,但是这样一来,自己将会亏本。第二条是和对方讲明原因,让他把差价补上。第三条是把这笔单子推出去,就说不做了。经过几天的思考,他再三权衡,作出一个重要的选择:走第一条路。

正在这个浙江商人犹豫着是否关门大吉的时候,东北人给了他一个单子,这是一个几十万的单子。就这样,浙江商人用自己的诚信一次性赚得了十多万元。后来,他用这笔资金打开市场,终于在中关村这个 IT 商业中心站住了脚跟,最后一步一步地成为了 IT 业的精英人物。

有一次,有个朋友问他,你是如何创业的。他笑着说:"刚创业的时候,我不仅没有赚到钱,相反还赔了一万元。当时,我可以选择不赔的,但是这样一来,我就会失去信誉。如果我真的那样做了,我想,肯定不会取得如今这样的成就。"

故事中没有说东北人为什么要把第二笔单子给予浙江商人,明眼人都看得出来,他是被浙江商人的真诚给打动了。因为电脑的价格只要随便一查就能查到,更何况,他跟很多商家比对过价格,自然知道,做第一笔单子的时候,是浙江商人吃了一点亏。

做生意跟做人一样,一定要维护住自己的信誉。维护住了信誉,即使赔本了,也有翻身的机会。一旦你在别人眼里成为了一个说话不算话,反复无常的人,别人就会拒绝跟你往来。

常言道,立业先立德,一个人想要成就大事,品德是根基,在这个基础上你才能让自己树立良好形象,让同伴信任,让客户信服,甚至让对手敬佩。诚信不仅仅是一种良好的习惯,一种个人修养,也是一种品格的外在表现,更是一种可以直接带来财富,转化为金钱的无价之宝。

真实，别人会觉得你更可靠

不要戴着面具活着，做最真的自己，才能最好地展示自己。

很多人认为，做人不能太真实。他们之所以会这样偏执，是因为觉得虚伪一点才会让自己多一点安全感。或许，他们这样做，真的能少一点来自于生活的恐惧，但是他们肯定活得很不开心。因为一个人不能做真实的自己，是一件让自己很痛苦的事情。这样的安全感跟自己是否活得开心相比，其实是没有多大价值的。

人们不想把自己最真的一面表露给对方，只不过想让自己手上多一点底牌罢了。可是如果你对一个人不真实，你是无论如何也隐藏不了的。也就是说，你戴着虚伪的面孔跟别人交往，迟早有一天，别人会看到你的真面目，而那一天，就是你们友谊彻底破碎的一天。

可能很多人都想知道这么一个问题，说了那么多，那么做人该不该真实呢？答案是肯定的。因为没人愿意和一个不真实的人交往。而且真实地对待别人，也并不降低你的人格魅力，相反，别人还会觉得你相当地可靠。

19 世纪出现了一个靠才华轰动整个欧洲的音乐家。他就是门德尔松。有一次，他路过伦敦，维多利亚女王听说后，邀请他去白金汉宫做客。

门德尔松没有想到自己会受到维多利亚女王隆重的款待，所以，作为感谢，他在宴后，为女王演奏了几首曲子。他演奏得非常完美，其中有一首曲子维多利亚女王听得如痴如醉。

一曲终了后，维多利亚女王情不自禁地问道："门德尔松先生，这是你的新作吗？实在太美了。"其他宾客也赞不绝口。

但是，门德尔松却道："各位，这首曲子并不是我做的，而是我妹妹的作品。"众人听了很惊讶，门德尔松解释道："我们家是一个古老的家庭，女人不能用自己的名字发表作品，所以，我的妹妹只好用我的名字。"

门德尔松把这一事实告诉了大家，人们觉得他特别真实，对他更加敬佩了。

有时候，说一句谎言，我们可以轻易地得到别人的掌声。就拿上面的故事来说，如果门德尔松说这就是他的作品，维多利亚女王以及在座的宾客肯定会继续夸赞他一番。但是，他很难因为这件事得到别人对他品格上的肯定。如果事后有人知道这不是他的作品，那么事情传开后，大家肯定会对他的印象大打折扣。即使后来他真的创造出什么优美的曲子，恐怕也很难受到别人的欢迎。因为很多人喜欢一件东西，首先他会喜欢上你这个人。

真实是社交的根本，人们都喜欢跟这样的人交往，即使这样的人有很多缺点。因为这样的人别人感觉不到任何威胁。人们一般都喜欢买品牌，是因为品牌货真价实，不会胡乱标价。真实其实跟这些品牌一样，只要别人相信了你的质量和价格相符，别人就会买你的账。而当你的这块招牌被世人所知的时候，你的成功就在看得见的地方。

许多人认为做老实人吃亏。这种想法是非常有害的，因为你一旦有了这样的想法，就会为自己的不真实找理由，逐渐地，不诚实就会堂而皇之地扎根于你的思想。

真实有着巨大的人格感召力，这也是仁者的体征之一，他们从不弄虚作假。一个人没有半点虚假隐瞒的东西，说话真实，做事真实，内心真实，就会令人信服。真实可以消除隔阂，化解矛盾，促进人际关系的和谐团结。哈佛大学的一项研究发现，成功的公司经理和工业界的领袖有许多共同的特点，其中之一就是为人真诚。国际知名的房地产经营家乔治被称为"房地产大王"，这个称号就是他靠真实赢得的。

乔治在还没拥有自己的房地产公司时，做过一段时间房屋销售工作。有一次，有一栋房子由他经手出售，房主曾经告诉过他：这栋房子整个骨架都很好，只是房顶太老了，当年就得翻修。

乔治第一次领看房的顾客是一对年轻夫妇。他们说由于买房的钱有限，所以想找一处不需要怎么修理的房子。他们看了之后，非常满意这所房子的位置，想要马上搬进去住。这时，乔治对他们说，这栋房子需要花 5000 美元重修屋顶。

乔治很明白，说出这栋房子的真相，就有可能使这笔生意做不成。果然，他们一听修屋顶要花这么多钱，就不肯买了。一个礼拜后，那对夫妇通过别的房屋销售人员花了较少的钱买了一栋类似的房子。

乔治的老板听说，这笔生意被别人抢走了，非常生气。他把乔治叫到办公室，问他具体是怎么回事。老板对乔治的解释很不满意，批评他说："他们并没有问你屋顶的情况！你没有责任讲出屋顶要修，你知道不知道，你这样做是非常愚蠢的，而且还会因此失去这份工作。"

是的，乔治失去了一份工作，但他并没有因为把真实情况告诉了那对夫妇而后悔，因为他希望做一个诚实的人。他一直受到的教育是要说实话。他的父亲经常对他说："你同别人一握手，就算是签了合同，你说的话就得算数。如果你想长期做生意，就得跟人家讲公道。"

所以，乔治最关心的是他的信用，而不是钱。他当时虽然想要把那所房子卖掉，但绝不能以此而损坏自己的身价。即便丢掉了工作，他仍然继续坚持自己的做事准则，就是把所有真相统统讲出来。

后来，乔治向亲戚借了些钱，自己开了一家小小的房地产交易所。过了几年，他以做生意公道和讲老实话出了名。虽然这样让他丢了不少生意，但是人们都觉得他靠得住。最后他因为诚实赢得了好名声，生意做得很兴旺，在全国各地都设置了营业处。

也许在生活或工作当中，你会由于做最真实的自己而丢掉了某些想要的东西。但是，从长远的角度来看，这些损失算不了什么，因为你靠真实建立起信用，树立起诚实的名声，会让你得到更多。

真实的力量就是这么强大，当你拥有了这块金字招牌，内心就会感到无比的踏实和安全，友谊、机遇等都会随之而来。因此，在为人处世的时候，真实这种品质我们永远不能丢。

第十章

名利，以淡泊为贵

　　如果欲望是人性的本能，那世事的磨炼就是一场教化。越想握在手中的，越是容易失去，越是风轻云淡，那收获就越是自然而然。人仿佛天生就是要来受这一场煎熬的，只有一双手一颗心，穿过眼前的迷雾，放下欲望所贪求的，才能轻身上路，越走越快。

忍得住贫困终能迈向成功

对于某些人来说，物质的贫乏并不算什么，只要有目标、有志气，终究有一天会为自己赢得一片天的。

人们常说"人穷志不穷"。不错，可能现在你口袋里空空如也，也可能你没有多少钱，但我们应该看到钱财只是身外之物，我们所要拥有的是志气。难道因为钱，我们就低看自己吗？难道就因为囊中羞涩，没有办法经受住诱惑，就让自己永远活在自卑之中？如果是这样的话，志气会随之消失，你也就不可能得到他人的尊敬。缺乏自信的人往往没有勇气去追求更多的东西，没有勇气放弃眼前的一些东西，更没有勇气让改变在自己身上发生。

孔子的弟子颜回"一箪食、一瓢饮，在陋巷，人不堪其忧，回也不改其乐"；诗人陶渊明"采菊东篱下，悠然见南山"。

由此可见，有些东西是不能靠金钱来衡量的。一个人即便再穷，也不能失去志气，这样不但会让人看不起，还会让更多的财富在无形中流失。春秋战国时期有个故事，一直流传至今。

春秋战国时期，吴国的公子季礼独自一人外出漫游。一天，他走到一个地方，忽然发现路中央有一串钱。季礼想捡起这串钱，但又觉得有失颜面："这种事我这样的贵公子是做不出来的。"他边想边四下看着，看有没有人走过来。

这时，正好有一个打柴的人担着柴火路过此地。季礼想：让这个打柴人去捡钱，打柴人一定会十分感激自己，他肩上所担的柴也未必值那么多钱呢。

待那人走到季礼面前的时候，季礼发现他身上竟然还穿着冬天的皮袄，而现在是初夏 5 月，穿着皮袄是很热的，季礼认为此人一定极其贫穷，让他把钱捡去正好。于是，季礼大声向打柴人喊道："喂，你快过来，把地上的钱捡起来。"

看到季礼那个样子，打柴人就气不打一处来。他将柴刀扔在地上，摇着手，瞪大眼睛对季礼说："你是何人？凭什么看不起人？难道我会是个贪财之人吗？"

听了打柴人的话后，季礼顿生敬意，连忙道歉说："真对不起，是我认错了人，请不要见怪！敢问先生大名？"打柴人用鄙视的目光朝季礼淡淡一笑道："你这人见识短浅，只看人表面，还那么盛气凌人，我为什么要告诉你名字呢？"说完，打柴人拿起柴刀，对地上的钱看都没看一眼就走了。

季礼为此感到惭愧不已。

有些人常常从表面或者凭一时的印象和感觉去判断一个人，未免有点太片面化了。还有故事里的季礼，如果连你自己都觉得捡那钱会有损身份的话，又为何要求别人去做呢？如果用尊严去换得金钱，那你有了金钱之后还有什么快乐可言呢？你的人生从此将被阴暗所笼罩，一辈子与痛苦为伍。

通常人们会认为只要有钱了就能够得到幸福快乐，但事实并非如此。人们的贪欲是永无止境的，当人们拥有了钱的时候，就会去追求更多的东西。如果一个人永远让自己沉浸在这种对物质生活的追求中，又怎么会幸福呢？人们所追求的钱与权的确很诱人，但同时它也是人们产生烦恼的源头。有了钱与权，产生的欲望更多，永远无法满足。在欲望的指使下，丧失了原本清净无争的心。为了获得更多的金钱和权力，人们往往丢了最宝贵的东西，那就是尊严和骨气。

生活在当今社会，人们会为了囊中羞涩而忧心忡忡。但是还有这样一些人，他们能够承受物质的贫困，精神世界却无比充实。生活中的艰难不仅没有消磨掉他们的意志，反而激发出他们更大的斗志。他们人穷志坚，在命运面前不屈服、不抱怨，经过不懈地努力最终获得成功。他们虽然贫困，但是在梦想实现的那一刻，有谁说他们的形象会因贫困而打了折扣呢？

人生在世，若能够忍一时之苦之辱，又能在忍苦忍辱中反思自己，找到目标和自信，并向着目标努力奋斗，就一定会有成就的。人穷志不穷，在我们的生活中，只有那些能够忍得住寂寞、贫困的人，才能赢得最后的胜利，才能在人生道路中一路坦途，才能让生活更加美好幸福。

不攀比，这样活着就很好

生活累，一小半是源于生存，一大半是源于攀比。

俗话说："人比人，气死人。"事实上，人比人未必能气死人，但因为攀比而产生的恶性情绪却常常扰乱和破坏我们的心境。

攀比常常是物质上的，但它影响的却是人的身心健康。我们的生活条件越来越好，但就是体会不到幸福，绝大部分的原因是，我们总拿自己与那些物质条件更好的人相比，比不过的便在那儿生闷气发脾气。这往往就给人生的快乐、幸福和成功打了不少折扣。

小区有一位老人，见到自家的狗不如人家的狗好看，从此出去遛弯的时候便不再带上自家的狗，而且还经常打它、骂它。过节的时候看见邻居的门前热热闹闹的，便心生不平，于是到处和别人说邻居的坏话，脾气也变得很糟。

在攀比者眼里，蔚蓝的天空永远都属于他人，自己的天空永远都是阴霾的；

在攀比者心中，笑脸永远都属于他人，忧愁都给了自己。自己的不幸以及他人的幸福，都能令攀比者痛苦万分。

其实，那些对自己的处境感到不满的人，并不是因为自己的生活有多么困难，而是因为他们和别人的生活状况进行攀比。要是看到了生活状况比自己好的人，就总觉得别人比自己要幸福。于是，自己在无形之中就成为了不幸的人。如此一来，他们只会更加痛苦。

有一只乌鸦在树上悠闲地唱着歌，忽然它眼前一闪，看见一只老鹰叼着一只绵羊从树旁掠过，于是它向树下面看去，看到了有一群小羊正在吃草。

它心想：老鹰为什么能把羊给叼走？它有的东西我也有，比如，爪子，翅膀。然后，乌鸦便决定学老鹰那样去抓羊。

它先是在羊群上空盘旋着，看到了在羊群中有一只最肥最美的羊。然后俯冲而下，瞄准了刚才的那只羊，还在空中说道："你的身体是多么的丰腴啊！我要把你作为晚餐上最可口的那一道菜。"语毕，乌鸦扇着它那无力的翅膀向肥羊冲去。

乌鸦不偏不倚地落在了那只羊的背上，不过无论它怎么使劲，都没有办法把羊给叼起来。就在这个时候，放羊的小孩走过来了，乌鸦感觉不妙，想起身飞走，可是它的爪子已被羊毛紧紧地缠住。这只倒霉的乌鸦逃身乏术，只好眼睁睁地被小孩生擒，后半生都要在笼子里度过了。

那些肤浅的羡慕，无聊的攀比，笨拙的仿效，只能让自己整天活在他人的影子下面。处处幻想比别人强，在不知不觉中失去了自我，这是羡慕和攀比的悲哀。千万不要盲目地去和别人进行攀比，就好像上面故事里的乌鸦一样，非要和老鹰"试比高"，结果"抓羊不成反被抓"。

有一只小老鼠整天在为被猫追来追去感到难受，于是，它去求见菩萨。见到菩萨后说："救苦救难的菩萨，您发发慈悲吧！我整天被猫追，快要崩溃了！"菩萨听后，把它变成了一只猫。

小老鼠变成猫以后，本来以为可以过上舒舒服服的日子了，可没想到现在又被狗追来追去。它觉得还是大象最厉害，于是又央求菩萨："把我变成一头大象吧，这样就没有动物敢欺负我了！"菩萨听后，又把它变成了大象。

小老鼠变成大象后，过上了比较舒服的日子。可是，好景不长，有一天它的鼻子感到很难受，却不知道里面有什么东西，它真想把自己的鼻子给割下来！

过了一会儿，它看见有一只小老鼠从自己的鼻子里钻了出来，这时它恍然大悟：原来做小老鼠也挺好的！

从此以后，小老鼠再也没和谁攀比过。

我们每个人都应该认清自己，找到属于自己的位置，过属于自己的生活。寻找自己的幸福时，不要总是把目光集中在别人身上。就像上面故事里的那个小老鼠一样，无论什么都想和别人进行攀比，最后绕了一大圈还得回来，因为原来的自己是最好的。所以，我们没有必要和别人攀比，那些渴望幸福的人们，幸福其实就在你们的身边，还和别人攀比什么呢？

当一件好事落到某人头上的时候，不要去攀比，因为它会让你在羡慕、忌妒、恨中寝食难安，使"海纳百川，有容乃大"也成为一句空谈。

自己的生活是自己的，自己的幸福也是自己的，攀比只能影响和破坏我们的心境，给我们的生活带来负面影响。不与人攀比，不羡慕别人的荣华富贵，始终抱有一颗平常心，尽自己最大的努力去创造属于自己的财富，过自己的日子，不管顺境还是逆境，只要付出了劳动，就一定会感受到快乐，而且是属于自己的快乐。

虚名是无谓的追逐

当你站在成功的领奖台上时，请收好胜利果实，而那些奖杯和名誉，都应该归零。

不知从何时开始，鲜花和掌声就成为了成功的附属品。而这些不切实际的荣誉的确能在不同程度上满足一个人的虚荣心。然而，当我们幻想着手捧花环、万人簇拥的时候，又可曾想到，没有辛勤的汗水，再怎么追捧吹嘘，也不可能换来丰收的果实。

美国文化精神领袖爱默生曾告诫年轻人，幻想成功、追求名誉无可厚非，但更重要的是脚踏实地的精神。他说："当一个人年轻时，谁没有空想过？谁没有幻想过？想入非非是青春的标志。但是我的青年朋友们，请记住，人总归是要长大的。天地如此广阔，世界如此美好，等待你们的不仅仅是需要一对幻想的翅膀，更需要一双踏踏实实的脚。"

一位自称是诗歌爱好者的乡下小伙子特意登门拜访年事已高的爱默生，说自己从小就开始诗歌创作，只因地处偏远，一直得不到大师的指点，因仰慕爱默生的大名而千里迢迢前来求教。

爱默生看到这位青年虽然出身贫寒，却谈吐优雅、气度不凡，便热情地招待了他。老少两位诗人谈得非常融洽，其间青年把自己的几页诗稿递给爱默生。一阵沉默后，爱默生认定这位乡下小伙子在文学上将会大有作为，决定凭借自己在文学界的影响而大力提携他。

果然，爱默生将那些诗稿推荐给文学刊物发表，并希望小伙子能继续将自己的作品寄给他。于是，老少两位诗人开始了频繁的书信来往。

青年诗人的信一写就长达几页，大谈文学，辞藻华丽，激情洋溢。这让爱默生对他的才华大为赞赏，在与友人的交谈中经常提起这位青年。青年诗人很快就在文坛中有了一点小小的名气。

但此后，这位青年再也没有给爱默生寄来诗稿，而信却越写越长。奇思异想层出不穷，言语中开始以著名诗人自居，语气也越来越傲慢。爱默生开始感到了不安，凭着对人性的深刻洞察，他发现这位年轻人身上出现了一种危险的倾向。通信一直在继续，可爱默生的态度逐渐变得冷淡，转变成了一个倾听者。

后来，在一次秋天的文学聚会上，老少两位诗人又一次相遇了。爱默生询问年轻人为何不再寄诗稿了。

"我在写一部长篇史诗。"青年诗人自信地答道。

"你的抒情诗写得很出色，为什么要中断呢？"

"要成为一个大诗人就必须写长篇史诗，小打小闹是毫无意义的。"

"你认为你以前的那些作品都是小打小闹吗？"

"是的，我是个大诗人，我必须写大作品。"

至此，爱默生有些惋惜，又有些无奈，只说了一句"我希望能尽早读到你的大作"便没再理会年轻人。

青年诗人完全没有听出爱默生的无奈，而是很自傲地说："谢谢，我已经完成了一部，很快就会公诸于世。"

在那次文学聚会上，这位被爱默生所欣赏的青年诗人大出风头。他逢人便侃侃而谈，锋芒逼人。虽然谁也没有拜读过他所谓的大作品，但几乎每个人都认为这位年轻人必成大器，否则，他怎么会得到大作家爱默生如此的赏识呢？

但事实是，在那年的初冬，爱默生收到了这个青年诗人的最后一封信，终于承认了之前畅想的所谓大作品，完全就是子虚乌有之事。他在信中写道："很久以来，我一直都渴望成为一个大作家，周围所有的人也都认为我是一个有才华、有前途的人，当然我自己也一度是这么认为的。我曾经写过一些诗，并有幸获得了阁下您的赞赏，我深感荣幸。使我深感苦恼的是，自此以后，我再也写不出任何东西了。不知为什么，每当面对稿纸时，我的脑中便一片空白。我认为自己是个大诗人，必须写出大作品。在想象中，我感觉自己和历史上的大诗人是并驾齐驱的，包括尊贵的阁下您。在现实中，我对自己深感鄙弃，因为我浪费了自己的才华，再也写不出作品了。"

从那以后，爱默生就再也没有得到过这位青年的任何消息。

青年诗人为了满足虚荣心，一味苦苦地追求大诗人的头衔，却又不想脚踏实地地付诸努力，终究一事无成。可见，虚名只是一种无畏的追逐，它不但不可能把我们向成功的道路上指引，反而会让人堕入歧途。

诚然，几乎没有人不喜欢听好话，被颂扬的。那种幻觉让我们越来越不切实际地希望自己被拍成电影，画成油画，夹进书里，裱在先进典型的框里，千古流芳。但是，浮生一梦，须臾而逝；我们只不过是"沧海一粟"的过客。每个人离去的时候，生前身后的名声都将随即飘落。

每每想到居里夫人将英国皇家学会奖章作为玩具拿给孩子时，都不免感慨。她在面对法国授予的骑士十字勋章时，毅然谢绝说："我不要这块小铜牌，只需要一个实验室。"的确，名誉就像是玩具，只是供我们一时消遣之游乐。所有的虚名都无法替代求真务实的拥有。

悠长岁月，纵有琐事烦俗，纵有劳碌奔波，也都应保持一颗淡然之心，简简单单地直面所有的来临和结束，闲看庭前，漫观天外。看淡虚名，一些更实在的东西才能被我们把握。

欲望太炙会让幸福之井干涸

"天下熙熙，皆为利来，天下攘攘，皆为利往。"从古至今，多少人在混乱的名利场中丧失原则，迷失自我，百般挣扎反而落得身败名裂。

有些事物，得不到时魂牵梦绕，得到了之后又觉得"不过如此"。这是每个人都曾有过的心境。很多时候，我们苦苦追寻的东西，等走近了才发现根本不是自己真正想要的。当初我们为什么会对一件我们不需要的东西如此执着？其实就是因为心中有"贪念"。

金钱地位，放不下；权力地位，放不下；私心欲望，放不下。放不下的太多，想要的太多，反而让人迷失了方向。

《红楼梦》里的开篇偈语也说："人人都说神仙好，唯有功名忘不了。人人都晓神仙好，只有金银忘不了。"这首《好了歌》，生动地刻画出了"凡人们"矛盾的心理，即使在数百年后的今天也依然如此。我们总是被欲望蒙蔽了双眼，在人生的热闹风光中奔波迁徙，被名利这些身外之物所累。

一位红极一时的女明星，突然感觉自己陷入了情绪的死角，总是闷闷不乐。成功与荣誉并没有给她带来自己想要的幸福，她决定去修行。

女明星去拜访一个得道高僧，她问高僧："如何才能洗尽铅华，得到内心的满足？"

高僧笑道："空谈无益，你只要坐三天禅就什么都知道了。"

考虑再三，女明星决定听高僧的话，去坐禅三天。

上山之后，女明星的手提电话就被没收了。然后又被告知，"在这里不准化妆、不可看书、不可看电视，要睡大通铺。晚上 10 点钟睡觉、早上 5 点钟起床。"对于生活在娱乐圈、日日笙歌的女明星来讲，这些要求都太过于苛刻了。但是她没有办法，只能适应。

第一天早起，吃完早饭，女明星坐在大堂里听高僧开示。虽然高僧说了很多话，但是她印象最深的就是那句：面对它、接受它、处理它、放下它。这句话在她的心头萦绕了很久。想想自己从前，总是在追求，为了得到某些东西搞得自己身心俱疲。现在，当初想要的都得到了，可是又能怎样呢？该有的愁绪一点都没有减少，生命中太多东西早已失去。荣耀和富足过后，留下的依旧是空虚和无奈。

女明星问自己：自己为什么不能放弃那些虚无缥缈的所谓成功，所谓荣誉，认认真真地对待自己的内心，做自己最想做的事情？她带着这个问题去请教高僧。

高僧依然笑着说，这才第一天，三天后，你如果还不能解答这些问题，我再教你。女明星就回去了。

三天的修行，很快就过去了。三天中，女明星素斋布衣，不喜不怒，很少与人说话，更没有与人辩论。这对于她而言，是从未有过的生活。从前的她只认为"万众瞩目"的光彩生活才能带给自己幸福。可是如今，放下一切之后，她才体会到：那些荣耀地位，不过是看起来美好，一个人，更需要的是一种心灵上的宁静。

女明星终于找到了自己所需要的东西！

正如星云大师所说，画，远看则美，山，远望则幽。生活中的名利是非大都如此，远远看去，似乎值得向往。但是如果你真正朝着这些东西迈进的时候，也许体会更多的是无助和空虚，内心少有安宁。所以，我们不妨放下心中的那些欲求，回到自己真正想要的生活上。

千灯万盏，不如心灯一盏。生活也是如此，再多的憧憬、再多的希望，也不能真正给你指明道路。放下那些无所谓的欲求，放开心中的执着，让"心灯"指引自己的生活，你才会获得最纯粹的生活。

卸下浮躁，不让欲望来敲门

凡是骑在虎背上追名逐利之人，最后肯定免不了要被老虎给吞掉。

同样是面对杯子里的半杯水，知足的人会说："还有半杯水呢。"不知足的人会说："只有半杯水了。"显然，前者因为知足而快乐，后者因为不知足而哀伤。正如罗马著名哲学家爱比克泰德所说的："智者不为自己没有的悲伤而活，却为自己拥有的欢喜而活。"

事实上，这种不满足的欲望只会给人带来浮躁。一个人如果控制不了自己的欲望，迟早会变成它的奴隶。我们要想做一个真正的智者，要想让自己活得快乐，那么就不要总看自己没有什么，要看看自己拥有什么，学会知足，卸下浮躁，这样的人生才会幸福。

否则，我们就会被欲望牵着鼻子走。这样到头来，我们的人生就会变成一个永无止境的深渊。而我们只能在深渊中，拼命地往上爬，一刻都不能休息，最终会发现，自己那么拼命，却什么都没有剩下。

林刚在一家策划公司工作，虽然公司在业内名气不是很大，但是薪资水平和福利待遇却居于中等，从事业发展角度来看也很有前途。林刚干得如鱼得水，深受经理的器重。

有一次，公司和一家企业合作，由林刚负责。在合作中，那家企业看中了林刚的能力，想把他挖过去。自然，开出的条件非常诱人，薪水比林刚现在多一倍。但是，这家企业由于恶性竞争，导致名声败坏，许多人才都跳槽走了，企业的经营每况愈下。家境基础并不好的林刚此时正想挣更多的钱，然后贷款买套房子。林刚考虑再三，终于没有抵制住高薪的诱惑，跳槽去了那家企业。

然而，事情并不如林刚所想的那般顺利，仅仅过了几个月，这家企业就因经营不善而倒闭了。而林刚因为有这段不光彩的职场记录，求职时遇到了很大麻烦，很多公司对他明确地表示不信任。林刚后悔莫及，但这只能怪自己当初没有考虑清楚，欲望太强害了自己。

并不是有钱就是富有，一个人最大的精神财富是无欲无求，因为只有这样，才能怡然自得地生活。林刚为了追求高薪，而不顾企业恶性竞争，毅然选择了跳槽，最终非但没有得到预期的结果，反而让自己身败名裂。

老子说："罪莫大于可欲，祸莫大于不知足；咎莫大于欲得。故知足之足，常足。"意思就是：天下最大的罪恶莫过于放纵欲望，天下最大的祸患莫过于不知足，最大的罪过莫过于贪得无厌，所以知道满足的人，永远是快乐的。

小吴是一家广告公司的经理，年仅28岁的她，脸上已经刻下了沧桑的岁月痕迹。在她办公室的墙上有一张她两年前的照片，照片里的她看上去如同花样年华的小姑娘一般。但是，仅仅过了两年，她的变化却如此之大。

在这两年里，小吴为了公司能更好地发展，不顾自己的身体健康，频繁地加班、应酬，几乎所有的工作她都要亲力亲为，并且脾气变得异常暴躁，哪怕手下有一点点小错误，她都会大发雷霆。

有一次，小吴加班到深夜。从公司出来后，由于颈椎异常疼痛，她决定打车回去，但是走了很久，也没有打到车。穿着高跟鞋的脚传来阵阵疼痛，她不得不坐到街边的长椅上休息。她抬头活动一下颈椎，吃惊地发现星星在丝绒般的夜幕中闪烁着，是那样的美丽。就像她大学毕业前的最后一晚，和男朋友躺在学校图书馆前的草坪上看到的那样。那一晚，他们浪漫地讨论着未来，觉得以后也会如星星般闪耀。她不禁想起往事，那时恬静的她总是依偎在男朋友的怀抱中，一切都是那么幸福。但是，自从她创办了这家广告公司，几乎所有的精力都投入了进去，由于她的脾气越来越坏，男朋友早已离开了她。如今，身边的男人没有一个敢靠近她。

一位美国餐饮业巨头介绍自己的成功秘诀时说："在我的连锁店中能提供给顾客的，永远是 17 厘米厚的汉堡与 4℃的可乐。因为据我的研究人员研究发现，这是令顾客感觉最佳的口感。当然，你也可以选择把汉堡做成 20 厘米厚，把可乐加热到 10℃，但它们并不意味着最佳口感。"

其实对于生活，只要 17 厘米和 4℃就够了。过于追求就如同吃汉堡一样，得不到最佳口感。当然，这里所说的知足，并不是要你不思进取，只是一种对待生活的态度。

前段时间一档电视节目中记者问各种各样的人："你幸福吗?"得到的回答也是千奇百怪。不禁有人提出疑问，幸福到底是什么？其实，幸福很简单，在繁忙的都市，停下奔跑的脚步，听听自己内心的声音，把那些奢侈的梦想和追求放下，那么，你已经被幸福包围了。

以知足的心境对待一切

一个人做任何事情都要有个"度"，对欲望的控制也一样。在声色名利上，理智的人往往适可而止，"度"掌握得恰到好处。

古人说："知足者常乐。"懂得知足的人，他也一定明白向生活妥协的意义，这样的人生无疑是快乐的。千万不要总想着得到更多，因为那些想要得到更多，不懂得知足的人，常常会陷入到悲观的境地中而无法自拔，换句话说：人生要懂得知足，懂得向生活妥协。

现实生活中，我们很多时候会感到不满足，是因为我们把名利看得太重，无法放下它。同时，名利这东西和欲望一样，都是永无止境的。而我们要想做到知足常乐，最重要的一点是把它们看得淡一点，对他们的追逐要适可而止。更何况名利、欲望都是出自我们内心的东西，会无止境地膨胀，如此一来，我们便不会有知足的时候。他们就像压在我们身上的包袱一样，背负得越多就越累，不知道哪一天，就会把我们累垮。

寒冷的一天，一个商人牵着骆驼过沙漠，晚上支起帐篷睡觉。半夜时分，门帘被轻轻地掀起了，那头骆驼在外面把脸探了进来，商人被弄醒了。

骆驼说："主人，外面风沙太大，吹得我睁不开眼，求你让我把头伸到帐篷里来好吗？""没问题！"慷慨的商人说。

骆驼就把它的头伸到帐篷里来了，商人挪地方，很快就睡着了。

过了一刻，骆驼又把商人弄醒，说："我这样站着很别扭，干脆你让我进来半个身体吧。"善良的商人同意了，而自己只好移到帐篷里，坐着休息。

接着，骆驼又开口了："我这样站着，撑开了帐篷门，反而害得我们两个都受冻，不如你让我整个身子站到里面去吧。"

说完，骆驼整个身子挤进帐篷里，一脚把商人踢到帐篷外。

在面对名利时，如果只想贪图，欲望的沟壑永远也填不满。贪心的人有一个共同特点，那就是忽略了自己的弱点，不顾一切地去满足自己的欲望。这时，即使危险摆在他的面前也无动于衷，无法看到危险所在。

贪得无厌常常使人失去清醒的头脑，为了一点蝇头小利而失去很多宝贵的东西，甚至是生命。人要学会看淡，舍弃，保持一份淡泊。淡泊，就是要人们超脱红尘的诱惑，世俗的困扰，平淡地看待世间一人一事，豁达地面对人们的一得一失。如果说贪欲是抓住别人的手，那么淡泊则是守住自己的心。淡泊使人心平如镜，纵使万物入镜，心依然不染尘埃。

首先，要做到心存志远。人生总会有所追求，一个人如果心中没有远大的目标，势必就会看重眼前的名利。要淡泊名利，无私奉献，总要有肯于为之奉献、为之牺牲的东西。

其次，要做到不攀比。不少人向组织张口的真实心态，有时并不是计较一职半级，也不是缺钱，而是出于同他人比较后产生的挫折感、失落感、不公平感。因此，要想淡泊名利，就必须学会正确比较。

最后，要做到控制物欲。名利本身并不是人生追求的最终目的，追求名利主要还是为了满足欲望。因此，要淡泊名利，无私奉献，必须从根本入手，控制住自己的物欲。俗话说，"世上莫如人欲险"。如果抵御不了这种诱惑，总想高消费，过上等人的生活，而靠现有条件又满足不了，那就必然会去争，甚至有可能走上违法犯罪的道路。一个人的物欲越强，他的名利思想也就越强。反则比较容易淡泊功名，达到"人到无求品自高"的境界。

只有内心的满足才是真正的满足。有很多人因为物欲所趋，过着表面轻松，内心却已经疲惫不堪的生活。那些懂得生活乐趣的人，肯定不会把自己的生命，浪费在这永无止境的欲望中，同时，也不会为没有意义的事束缚自己的心灵。他们能把心灵保持在最愉悦的状态，不会给欲望可乘之机。

放空了名利心，就放下了烦恼

很多人一生都在追求名利，在汲汲营营中过完了忙碌的一生，到头来却发现自己被这些身外之物压得透不过气来，而放空了名利心，就放下了各种烦恼，就能收获一份轻松。

名利心与生俱来，人一生下来就面对一个灯红酒绿、五彩缤纷的世界。如不能放下名利，人们会在"人比人气死人"的心理下产生忌妒；在蝇头微利面前言不由衷；在逢迎拍马中殚精竭虑；为一得而忘乎所以，为一失而灰心丧气……有了这种名利物欲之心，你富了，还会"得一千，想一万"；你名利双收了，还会"昨怜薄袄寒，今嫌紫蟒长"；黄道无缘，你会诅咒命途多舛，宏图受阻，你会哀叹力不从心……从而使你陷入心力交瘁的泥潭而郁郁寡欢。

有一个富翁背着许多金银财宝，到处去寻找快乐，可是找了很久都未能找到他想要的，于是他沮丧地坐在山道旁。

一农夫背着一大捆柴草从山上走下来，富翁拦住农夫问："我家财万贯，衣食无忧，请问，为何我没有快乐呢？"农夫放下沉甸甸的柴草说："你想要快乐？

很简单，放下！"

富翁茅塞顿开：自己背负那么多的珠宝，老怕被人暗害，珠宝被别人抢，整日忧心忡忡，快乐从何而来？于是富翁将珠宝、钱财救济穷人，在他看到那些穷人快乐生活时，他从中尝到了快乐的味道。

世界上第一个不使用氧气登上珠穆朗玛峰的人，当他下山后别人问他成功的秘密时，他郑重其事地说："这没什么秘密，我知道大脑是一个重要的氧气源，科学家告诉我们，各种思想在大脑中相互撞击时竟要消耗我们吸入全部氧气的４０％，所以，为了减少对氧气的消耗，我只有向前这个念头，至于其他的任何想法我都把它们从脑子里抛掉。没有任何的杂念，我就等于放下了一个背在身上的巨大的包袱，轻松地向前。这就是我成功的全部秘密。"

放下名利物欲之心，你就能"不以物喜，不以己悲"，并拥有"宠辱不惊，看庭前花开花落；去留无意，望天上云卷云舒"的豁达，从而成为自己心灵的主宰，去自由自在地塑造你的心境。

人只有让自己的潜质得到最充分的发挥，他的人生才会变得丰厚起来。英国化学家法拉第早年投身到戴维主持的皇家研究所做研究员，做些杂务工作。正当法拉第在化学领域勤奋耕耘并频频取得成绩时，戴维劝导法拉第去做行政管理工作。法拉第断然拒绝，并继续从事他的研究，最终在该领域一枝独秀。他说："如果我去从政，我充其量只是别人的幕僚而已，我的潜质告诉我适合从事哪种工作，我不能不珍惜。"是的，一个成就大业的人，首先应该是一个了解自己、懂得珍惜的人，是一个懂得"放下"的人。

很多人利欲熏心，陷入你争我夺的境地，快乐从何而来？他们往往一整天心事重重，做梦都半夜惊醒，老疑神疑鬼，荫翳不开，快乐又怎么会与你有缘？放下就是快乐，拨开云雾，卸下心灵的枷锁，在平平凡凡的生活故事中，你将体会一种轻松如风、畅快淋漓的感动。

其实，每天发生在我们生活周围的很多悲剧，往往就是无法放下自己手中已经拥有的"东西"所酿成的：有些人不能放下金钱，有些人不能放下爱情，有些人不能放下名利，有些人则是不能放下执着。然而，如果你能够领悟"放下"的道理，你将会有一种如释重负的感觉。因为只有懂得放下，才能掌握当下，心中的那扇天堂之门，才会为自己敞开。

尼尔·唐纳·沃许在《与神为友》一书中写道："我不会'抓紧'任何我拥有的东西！我学到的是，当我抓紧什么东西时，我才会失去它，如果我'抓紧'爱，我也许就完全没有爱，如果我'抓紧'金钱，它便毫无价值，想要体验'拥有'任何东西的唯一方法，就是将它'放掉'！"

放空是一种心态，一种精神，更是一种品格，一种境界。放空了自我，才能想到别人；放空了个人，才能想着国家和人民；放空渺小和卑劣，才能赢得伟大与崇高。因此，放空，也是一种智慧，一种幸运。放空，才会收获一份轻松。

第十一章

话语，以简洁为贵

很多事情，贵精不贵多。最昂贵的衣服，往往用最简单的线条去表达，而质感却更胜一筹。最简洁的话语，给人最有力道的表现力，不招人烦，不占用人时间，是最贴心、最有效率的表达方式，何乐而不为。

说话有分寸，谨慎有度是重点

说话做事要掌握分寸，谨慎有度才是君子修为。

传说，龙族的喉下直径一尺的地方的鳞是倒长的，全身也只有这一处的鳞倒长着，人们把它称为"逆鳞"，这是龙族最脆弱的部位，所以，无论是谁触摸到这一部位，龙族都会大怒，把他杀掉。其实，人也是如此，无论一个人的出身、地位、权势多么了不起，也有一处弱点，它不能被人提及，也不容人冒犯，就像龙族的"逆鳞"一样。

但是，在人际交往中，碰巧就有那么一些人，不要说什么"三分法"的说话方式，就是连最平常的与人交往的分寸都难以把握。他们常常会触及到别人的"逆鳞"，说话偏偏"哪壶不开提哪壶"，让人感到很不适。其实，任何人在人际交往中都有"逆鳞"，即使你们是很熟悉的朋友，他的"逆鳞"也不会向你暴露。

人们常说"童言无忌"，但如果人长大了进入社会中还那么"无忌"的话，那势必会深受其害。人际交往中的语言、表情、动作等都要把握一定的度，力求做到谦恭有礼，得体自然，潇洒大方，同时还需注意说话的时机和方式。任何夸夸其谈或是词不达意的话语，都会影响与他人的交流，"说者无心，听者有意"是人际交往中的致命伤。

诸葛瑾为孙权手下的一员重臣，他平日里说话不是很多，十分注意说话的分寸,谨言慎行,不过,他的话十分有分量,常常在紧要关头使事情峰回路转。

一次,孙权误会了校尉殷模,气愤之下,下令将殷模推出去斩首。很多大臣都跪倒在地帮着求情,只有诸葛瑾一个人站在那里,一言不发。

孙权对此很奇怪,如果自己的命令正确,为什么会有那么多人求情?而如果自己判断错误的话,为什么一向正直的诸葛瑾却一言不发呢?于是,他问诸葛瑾:"为什么你不说话呢?"

诸葛瑾行了一个礼,不慌不忙地说:"我与殷模的家乡遭遇战乱,所以才走了千里行程来投奔陛下。现在殷模不思进取,辜负了您的一片期望,我还为他求什么宽恕呢?"

短短几句话,孙权就感到殷模不远千里来投奔自己,即使有过错也应适当原谅,不能因此损失了一名得力大将,于是就赶紧下令赦免了殷模。

诸葛瑾没有直接上前为殷模求情,因为孙权已经下令,如果与大臣们一起求情说明君王的判断错误,那么孙权会下不来台,殷模便更没救了。于是他有意站在队伍中,当孙权问起时也是"点到为止",说话恰到好处,不丢君王的面子,也达到了自己的目的。

在任何地方和场合都要注意说话的分寸,有时候沉默也是掷地有声的话语。无论你是在探讨学问、接洽生意还是交际应酬、娱乐消遣,凡是从你口中说出来的话语,都要做到既有分寸又得体。而且,与人谈话,一定要注意到说话的场合,对方的身份与自己的身份,虽然不提倡那种"八面玲珑"的奉承,但大方得体的语言既是对人的尊敬,也是自己修养的体现。

明太祖朱元璋出身贫寒,做了皇帝后自然少不了有昔日的穷哥们儿到京城找他。

一天,朱元璋儿时的好友,由他们的老家凤阳千里迢迢地赶到南京,经过了很多波折之后,他终于见到了朱元璋。一见面,他难掩激动的心情,对着朱元璋大喊:"哎呀,朱老四,你当了皇帝可真威风呀!还认得我吗?当年咱俩可是一块儿光着屁股玩耍，你干了坏事总是让我替你挨打。还记得咱们偷豆子吃的事儿不？咱们偷了豆子背着大人用破瓦罐煮，你猴急得豆还没煮熟就抢，结果把瓦罐都打烂了，豆子撒了一地。对了，当时，你吃得太急，豆子卡在嗓子眼儿，你没忘吧，还是我帮你弄出来的呢！"

朱元璋听完这位老乡的话，顿时生气了，虽然他说的是事实，但是当着后宫娘娘和奴才的面揭自己的短处，他这个当皇帝的脸往哪儿搁呀！于是，以以下犯上罪下令痛打之后逐出宫外。

任何人因为成长经历的不同，都有自己的缺陷、弱点，无论是生理上还是心理上的，都不愿被人再次提及，特别是在众人的社交场合，更是尽量回避或者隐藏。如果你的话哪怕是玩笑伤了别人的面子，那么他也许会采用某些方法反击回来，结果只能两败俱伤。"言未及之而言谓之躁，言及之而不言谓之隐，未见颜色而言谓之瞽。"这是孔子所说的分寸。

与人交往中，一定要徐徐道来，不要急躁，更不要随意插话，当自己发言时，条理清晰有分寸地说话，并灵活运用优雅的肢体语言，活泼俏皮的幽默，如此方能给人以自信、干练、聪明的印象。其实不只是社会中的人际交往，就是与朋友、家人也要注意说话的分寸，不要去揭别人的"逆鳞"，把握住说话的分寸，是为人必要的修为。

说话要精练，句句说到点子上

· 打蛇专击七寸，说话要点"要穴"。

当一个人长篇大论时，证明他从内心根本就不明白自己想说什么，高尔基说："一个喋喋不休爱说话的人，像一艘漏水的船，每一个搭客都会逃离它。"而且，"言多必失"，话说多了，必然会有失误，说得越多，失误也就越多。

在与人交往中，对话必不可少，谁也不喜欢拖沓啰唆的人，俗话说："话不投机半句多。"说不到点子上，往往造成"话不投机"的局面。简单明了的说话方式会让人觉得你睿智、干练，因此，说话一定要精练，而且要句句说到点子上，这样才能达到"点石成金"的效果。

张基河是一个外国人，他来到中国为自己的学术报告作现场演讲，因为他不懂中文，所以请了一位现场翻译。

为了表现自己的能力，张基河一直滔滔不绝，一口气讲了 10 分钟才停下来，他看看翻译，意思是让他翻译给大家听，但是，10 多分钟的话，翻译只说了一句就完成了，并示意张基河继续往下讲。

张基河觉得很奇怪，但又不好意思问，就继续演讲，10 分钟后，他再次停下来让翻译来翻，结果翻译又只说了一句话就完了。

最后，张基河又讲了 5 分钟，结束了他的演说，而翻译也是用一句话作了结尾过去，不过，观众的反响非常好，他们以热烈的掌声对张基河表示了感谢。

张基河看着观众，对此非常惊奇，他想知道那个翻译为什么这么厉害，自己说了近半个小时的话，他竟然用了三句就完成了。

演讲结束后，张基河就去台下问会中文的朋友："刚刚，那个翻译都翻译了些什么？"

朋友耸耸肩，对张基河说："一共三句话，第一句是，'到目前为止，没有什么新鲜的事可听。'第二句是，'我想到结束前都不会有什么可听的了。'第三句是，'你们看，我说得没错吧！'"

张基河哑然了。

在营销谈判中，有些营销人员总喜欢滔滔不绝，长篇大论，以此来显示自己的水平。但是，通常情况下，这种方法并不能说服客户来购买自己的产品。相反，还会事与愿违，引起客户的反感。因此，营销人员要学会精简自己的语言，减少语言上的失误，才能使客户感觉到业务员的效率和办事风格，从而与其保持长久的业务往来。

真正会说话的人，懂得用最简单的语言把意思表达到位，知晓在最短的时间内把话说到点子上。在关键时刻、关键场合把话说到点子上是一个人成功与否的决定性因素之一，也是一个人成熟稳重的重要标志之一。

明成祖的一个贵妃离世，在祭祀时，明成祖便把年轻的大学士解缙请来，让他当众朗读祭文。但是，当解缙拿到"祭文"时，却发现那只是一张白纸，上面除了四个"一"之外什么内容都没有。

解缙思考了一下，便从容地读道："巫山一片云，峨岭一堆雪，上苑一枝花，长安一轮月。云散，雪消，花残，月缺。呜呼哀哉！尚飨！"

明成祖听完祭文，不禁拍手叫绝。

这篇祭文将贵妃比作"云"、"雪"、"花"、"月"，都是世间美好之物，又连用了"云散"、"雪消"、"花残"、"月缺"指代贵妃之死，令人伤感。能说会道是一种本领，但能以最简练的语言将意思表达到极致，这是一种处世的本领。

美国前总统里根，在奥运会开幕式上的致辞，仅用了 16 个英文单词，翻译过来便是："我宣布，进入现代化时代的第 23 届奥运会，在洛杉矶正式开幕!"当时的情况下，观众们都急于看到奥运会的比赛盛况，谁会愿意听长长的致辞，里根这短短的一句话的力度，可要比长篇大论强很多倍。

马克·吐温曾经有这样一个故事。

人人都赞扬某教堂的牧师很不错，马克·吐温便想去听一听这位牧师的传教，于是，他在周末的一天来到了教堂。最开始，他听着牧师的宣讲，觉得还真的不错，准备捐赠一些钱来对他表示感谢。但是，牧师讲起来没完没了，过了一个小时，他还在讲，马克·吐温有点不耐烦了，他便将整钱放回了口袋，只留下零钱。又过了一个小时，牧师还在讲，马克·吐温真的烦了，他将钱全放回了口袋。半小时后，牧师讲完了，马克·吐温走到牧师面前，从捐款盘子中拿出两元钱说："你用了两个小时，在讲一个道理，浪费了我的时间，这两元钱就当作补偿吧!"

马克·吐温的这个小故事很具讽刺性，我们常常会遇到那些讲述一件事就喋喋不休的人，他们从来没想过将自己的句子提炼，一个意思反复表达很多遍，总怕别人不明白还要反复解释、强调，殊不知已经做了事倍功半的蠢事。

中医认为，人体布满了穴位，武侠小说借用了这一概念，只要点到穴位上，便会将人锁住。这就好比蛇身上的七寸，狗熊胸前的白色绒毛一样，是它们身上最脆弱的地方，只要点以位置，便可以轻松击破。语言也是这样，一句话点中了对方的"要穴"，便可以轻松让你达到目的。

看那些古代时居于深山之中的智者，再看看身边人生经验丰富的长者，他们从来不会毫无逻辑地长篇大论，他们的每一句话都经过了深思熟虑，每一个词语都经过了精确的提炼。有些人感叹别人说话句句经典，还有些人感叹别人说话没有漏洞，如果你想成为那样的人，那么首先学会锤炼自己的语言吧，简明扼要的句子比长篇大论更容易让人信服。

人际交往中的黄金短句

"你好"、"请"、"谢谢"、"对不起"……别将这些短句轻视，它们可能就是你人际交往中的黄金通行证。

中国的语言十分丰富，你是否也运用自如呢？收集一下身边你最常听到的句子，哪些句子可以直达你的内心呢？当然，那些长篇大论的句子很难在人们的心中留下印象，只有那些简短的句子，虽然简短，但却字字千金。下面我们就来列举几个黄金短句，让它们成为你人际交往中的有力武器吧！

"您"

古风古韵的老北京，皇城的文化熏陶着老北京的人，如果留心就会发现，老北京人常常会把"您"字挂在嘴边，说者透着一股敬意，哪怕是有所求，也让人不忍拒绝。而且，如果将"您"用得好，你也会得到意想不到的收获。

在生活中，有那么一种人，常常会将"我"挂在嘴边，与人交谈也侃侃而谈自己，殊不知这样非但不能表现自己，却让人感觉到了你的自私、自负的性格。看那些睿智的人，他们会将自己语言中的"我"、"我的"、"自己"等词去掉，而是用人类语言中最有力的一个词"您"来代替，因为任何一个人在谈及自己时都会兴致勃勃，这是人性特点。

"您好"

"您好"这个词近些年运用很普遍，无论你学习哪一种语言，都要学这个词。很多时候，"您好"打破了人与人之间的隔阂，当你精神抖擞地向陌生人说"您好"时，别人也同样会还你一个微笑；当你信心满满地向朋友打招呼说"您好"时，便将你们两人的距离更拉近了一层。

一个简短有力的问候，是亲善感、友好感的表示，更是一种信任和尊重。当你说出这句话时，双方都有了亲切、友好的意愿，彼此间的距离便缩短了，既增进了信任，又沟通了关系。与此相似，"早上好""中午好""晚安"同样重要，一个日常生活的问候，虽然简单，但也很重要，因为任何人都希望一切"安好"。

"请"

小时候，我们就了解了三个礼貌用语词："请"、"谢谢"、"对不起"。

三个词中，将"请"放在了第一位，可见它的重要性。中国人是很少说"请"的，因为中国古汉语中一些敬词的存在，便忽略了"请"，而在西方国家，几乎在任何时候麻烦别人时，都会用到"请"，哪怕是家人之间。"请问"、"请留步"、"请用餐"、"请把杯子给我"、"请稍候"……一个简单的字，却是将对方位置抬高，将自己位置降低的最好办法。

"谢谢"

"谢谢"也是中国人很少用的词，我们常常用"劳烦您了"、"辛苦您了"等来代替"谢谢"，殊不知"谢谢"不仅表达出了感谢之意，更表达出心中的感激之情。人际交往中有一个"黄金法则"，那就是，"你怎样对待别人，别人便会以同样的方式回报。"一句"谢谢"将你的心意表达出来，向别人表达出你的感恩之心，自然也就会得到别人的尊重和感恩。

"对不起"

人们常说，说句"对不起"，生活会更容易。任何人都有犯错的时候，但很多人却不愿意说出"对不起"，其实，"智者千虑，必有一失。"出现错误很正常，但如果不肯承认错误那就危险了。不要小看一句"对不起"，因为一个懂得道歉的人说明他的内心很强大，因为认识到了错误才能改正错误，而承认自己的错误必然不会再犯类似错误。

一个人犯了错误并不可怕，怕的是不承认错误，不弥补错误。在承担责任的态度上，勇敢说出"对不起"和"这是我的错"极其重要。松下幸之助认为，偶尔犯了错误无可厚非，但从处理错误的态度上，我们可以看清楚一个人。

"不知道"

孔子说："知之为知之，不知为不知，是知也。"现实生活中，很多人不愿意说出"不知道"三个字，因为他们觉得那样别人会小看自己，令自己颜面扫地。其实，"人无完人"，没有人无所不通，因此，我们要学会说"不知道"，敢于说"不知道"，这是一种生存的智慧。而且有些时候，即使知道也要装不知道，大智若愚者更让人尊重。

"XXX"

大街上，常常会看到这样的情形，一个很面熟的人上前打招呼，而你却忘记了他的名字，于是你只能含糊其辞地寒暄，而对方也会觉察出你已经忘记了他是谁。喊出对方的名字，是迅速建立良好人际关系的捷径。

当你喊出对方的名字时，他会感觉到你的尊重，每个人都愿意让别人记住自己，喊出名字便是第一步。

一个个精简的短句，在人际交往中却占了重要地位，简短的几个字却含着深刻的含义，收到意想不到的效果。将这些短句运用起来吧，它们可能会成为你人际交往的利器。

沉默让无声胜有声

当你想要争论或者喋喋不休时，请保持沉默吧，此处无声胜有声。

电视剧《青春期撞上更年期》中，苗子妈妈说："吵架的妙处在于你一句我一句，互相掐来掐去才好玩，假如你骂一个人，他总沉默，那就没意思了，这架也吵不下去了。"生活中，我们遇到过很多这样的情况，总有一些话题让我们忍不住去争论，总有一些人让我们忍不住去评价，总有一些场合让我们忍不住想要"妙语连珠"，其实，真正聪明的人从来不会做这些傻事，因为他们懂得"此处无声胜有声"。

克莱尔说："说话是银，但沉默是金。"很多时候，沉默在人与人的交流中比伶牙俐齿的效果更好，仁者明白说话在于简洁，而简洁的最高境界便是沉默。既然说，那么就会给别人信息，话说过头了，人们会产生反感和不信任，话说少了，又觉得点不到重点上，因此，这时候沉默的力量便显现出来了。

与人争吵不如选择沉默，因为它是最好的回击，当你以同样的骂声回击时，你的身价也便跟着掉了下去，语言越犀利你的身价便降得越低。回想一下，那些骂你的人的形象如何，可当你像他一样时，你就会忘记自己的形象问题。所以，你要适时选择沉默，沉默不是懦弱或者屈服，而是一种宽容，是一位仁者的必备素质。

而且，除了别人挑衅要保持沉默外，遇到一些说不清楚的事情时，千万不要试图用更多的语言来解释，"越描越黑"的道理人人都懂，但很少人懂得运用。越是解释不清，就越想解释，结果误会便越来越深。生活中，很多时候我们有这样的感觉，话说出来了，发现不对，结果就再加上一句来补充，结果越补离题越远。人的一生，会遇到很多的矛盾和冲突，也会遇到很多解释不清的事，与其喋喋不休地解释，不如以沉默来面对。

兵法上最高的招数叫"以静制动"，以不变来应万变，当你不动，别人就不会知道你的想法、你的行动，因此你便可以观察、思考并伺机背水一战。生活中也是这样，最好的"静"便是将嘴巴闭上，用沉默来应对复杂的局面，用清醒的头脑去分析下一步的行动。简明的语言表现出你极高的表达天赋，适时的沉默则显现出你的睿智。

著名的谈判专家与保险公司的理赔员进行交涉，委托人打算要求保险公司赔偿 300 美元。

理赔员说："先生，我知道你是谈判专家，很擅长针对巨额款项谈判，我们知道您一定会开出极高的价格，我们公司打算只出 100 美元的赔偿金，如何？"

谈判专家表情很严肃地沉默着。在以往的谈判中，无论对方第一次开出的底价如何，他都以沉默来应对，表达出自己的不满意，因为当对方的第一次出价遭到不满时，一定会有第二次出价。

果然，理赔员沉默了一会儿，便沉不住气了，说："对不起，请不要介意我刚才的提议，再加一些吧，200 美元如何？"

现场又是一阵沉默，一段时间后，谈判专家张口了："抱歉先生，我们无法接受。"

理赔员无奈地摇摇头，说："好吧，那么 300 美元如何？"

专家又沉默了一阵，说："300 美元吗？嗯……我不确定。"

这时，理赔员真的想不透谈判专家想要多少了，显得有点着慌，他说："好吧，400 美元。"

谈判专家又沉默了好一会儿，才缓缓说道："400 美元？嗯……我觉得……"

"好吧，那就赔 500 美元吧！"理赔员像是下定了决心似的说。

谈判专家觉得时机到了，于是爽快地答应，将合同签了。

显得，谈判专家并没有用伶牙俐齿来与理赔员争执价格，只是反复观察着理赔员，重复着沉默，又以极简单的短句表达着模糊的意思，让理赔员抓不到头绪，最后，当他观察到理赔员的表情动作，应该是赔付金额的最高限时，他便迅速确定了，比原定金额高出了 200 美元。

谈判本就是一场心理战，双方都在捕捉对方的信息来达到自己的目的，根据对方的表现来调整自己的既定方案，但是，如果这时你觉得对方可能是在试探性地发言时，可以保持严肃与沉默，这样既会使对方摸不清你的底牌，也有利于你等待合适时机出战。沉默是一种策略，恰到好处地运用会使你达到意想不到的目标，仁者多智而少言，沉默则是极高境界。

掌握批评的艺术，点到为止

日常交往的说话中，言简意赅很重要，而遇到问题必要提出批评时，更要注意点到为止。

如果你身为一位老板，抑或是一位长者，更或者想要成为一位仁者，那么发现别人错误时，指正错误或者提出批评是必不可少的，可是，你有没有掌握批评的艺术呢？

回忆一下我们遇到过的那些批评吧。上学时，一旦做错事，便会被老师"请"到办公室，"动之以情，晓之以理"地训诫；上班后，一旦出现失误，老板便会给自己补课，小会上点名，大会上举例子，反复提醒；在人际交往中，常常会被别人发现缺点和过错，于是那些"旁观者"便如同老师和老板一样，唠叨个没完没了。这些情况我们都遇到过吧？当时的心情如何呢？

此时，我们换位思考一下，是不是明白了什么呢？对，那些无休止地批评、提醒只能让人觉得反感，虽然话说了很多，但效果却不如预想的那么好。俗话说"好话不说三遍"，谁也不喜欢老师反复地鞭策，老板无休止地批评，更不喜欢朋友不停地提醒，因此，我们本来好心去提醒、批评、指正时，一定要注意不要"妙语连珠"，因为此时被批评者并没有心情听你的大道理。一个会为人处世的人，提出批评意见时，总会三言两语收住，给对方留下思考的余地。

批评、指责适可而止就可以了，没有必要非置对方于死地。批评的目的是为了帮助对方认识错误，改正错误，不是无休止地重复，把一次错误当成一辈子的把柄。"金无足赤，人无完人"，过去的错误已经停留在过去了，没完没了地批评也于事无补了，何不给别人一个机会呢？

古人说："遇沉沉不语之士，且莫输心；见悻悻自好之人，应须防口。"也就是说，无论是什么情况下，与人交往、为人处世中一定要掌握说话的玄机，再好的话也要有尺度，再亲密的关系也要有分寸，再容易的事也要讲策略，再自由的氛围中也要有节制，当你站在"山顶"说出一些批评别人的话时，没有必要纠缠不休，没完没了，任何人都有分析能力，你的批评点到为止效果更好。

在战国时期，齐景公的一匹心爱的马突然死去，齐景公非常伤心，一定要杀掉马夫以解心头之恨。众位大臣一起劝阻齐景公不可为一匹马而滥动刑罚，而齐景公心意已决，无论谁的劝说也听不进去。

这时，国相晏婴走了出来，所有的大臣松了一口气，他们以为晏婴也要劝诫齐景公，但是，晏婴却明确地表态说："这个可恶的马夫，该杀！"此话一出，众臣刹那间鸦雀无声。

齐景公听了这话，简直顺了他的心意，于是，把那个心含冤屈的马夫喊来，对晏婴说："你就来向众臣解释他的罪状及该杀的理由吧！省得他们总不服！"

晏婴点点头，说道："你有三大罪状，条条死罪，请听好。第一，你不认真饲马，让马突然死去。第二，你让马突然死去，惹恼我们的君主，使君主不得不处死你。"

齐景公听到晏婴说的两条死罪，心里乐滋滋的，说："快说第三条吧。"

晏婴笑笑说："第三条，也是最重要的一条，你触怒君主，现在君主要是因为一匹马而杀死你，这样天下人都知道我们的君主爱马胜于爱人了。那么，天下人都会觉得我们国家无能、残暴，这些都是你招来的，死罪中的死罪，罪不可赦！"

齐景公本来还连连点头咧着嘴笑，听完晏婴所说的第三条罪状后，突然停住了笑容，特别是那句"天下人都知道我们的君主爱马胜于爱人"更是让他不知所措，如果天下人这样想的话，那么他这个国君岂不成了玩世不恭的暴君？

这时，晏婴又吆喝一声："来人，还不按大王的意思将马夫推出去斩了！"齐景公吓得赶紧制止，并对晏婴说："相国息怒，寡人知错了。"

晏婴并没有正面批评齐景公，以臣子的身份怎么能直接批评主上呢？但是，作为良臣又不能看着君主犯错，于是，他以点到为止的方法点醒了齐景公，取得了良好的效果。当该说的话不能说也要说时，就要注意说话的方式了，一定要在不伤害自身的利益，更不能损伤彼此关系的前提下说出自己该说的话，让对方思考之后认可，比你直接点出的效果更好，也是你的修养与智慧的体现。

提出反对意见，批评别人是很正常的事，但它的出发点在于如何让对方虚心接受批评，让对方更加正确地行事，同时也使自己的人际关系更加和谐。所以，批评这种语言更要讲究艺术，不要没完没了地反复强调；不要不分场合地"仗义执言"；不要过于犀利、刻薄……无论你的出发点如何，无论他的过错让你多么生气，简明地提出批评，适度而行，点到为止，这才是一位仁者的风范。

第十二章
行动，以稳健为贵

不疾不徐，凡事三思而后行，并不是失了锐气，而是添了成熟。让初生的那份锐气，在成长中锻出老练，不动则已，一击即中。

心急吃不了热豆腐

成功不是急出来的，急功近利只会让人误入歧途。

有句话这样说：“假如人能活 100 年，其中睡眠占用 30 年，吃饭占用 10 年，穿衣梳洗打扮占 7 年，走路旅游堵车占 7 年，打电话 1 年半，打电话没人接 1 年 10 个月，看电视 4 年，上网 12 年，找东西 1 年 8 个月，购物 1 年半，年轻时打架斗殴，成家后夫妻吵架，有小孩后骂骂孩子又去掉 5 年，闲谈 70 天，最后剩余时间约为 10 年。10 年你能干什么呢?”

因此，人们开始变得焦虑，担心一切“来不及”，同时很多成功学大师告诉我们成功就在于行动，而且是立刻行动，在这种观念的影响下，有些人开始注重结果而疏忽过程，他们迫不及待要获得成功。然而成功是个细水长流的过程，没有人能够随随便便成功，心急是吃不了热豆腐的。

古往今来，造就成功的原因有很多，但其中最重要的就属耐心了。耐心是意志品质的外化表现。海尔集团董事长张瑞敏说过：成功就是把简单的事情重复做；有了耐心，简单的事情重复做也会让人成为专家，获得成功。耐心能够让人们积蓄正能量；越是历经艰辛得到的，越让人容易满足，因而耐心也可以提升人们的幸福感。

纵观成功者的道路，成功并不是一蹴而就，而是在岁月中慢慢积累能力，最终产生质变而致。也就是说，成功是需要时间的，谁也不能一下子就成功。心急是要不得的，心焦急了，步伐就会乱，步伐乱了就会打乱前进的速度，最终得不偿失。

　　齐白石是中国著名的画家，被人誉为"国宝"。齐白石不仅在书画上有着很高的造诣，在篆刻上也有着很高的水平。齐白石并非天生天赋惊人，而是经过长时间的刻苦学习及不断实践，最终才达到了炉火纯青的境界。可以说，耐心成就了齐白石。

　　年轻时，齐白石就很喜欢篆刻，但篆刻的作品不能达己所愿。为了能学到更好的篆刻技术，齐白石向一位老篆刻家求教成功之道。老篆刻家说："你去挑一担础石回家，然后不断篆刻，篆刻后磨掉，重新再篆刻，日复一日，直到有一天，你把这一担石头都变成了泥浆，那时，你就会明白成功之道了。"

　　齐白石按照老篆刻家的话去做，他没有偷懒，没有心急，也没有投机取巧的心理，他耐心地、一丝不苟地刻了磨、磨了刻，就这样日复一日，年复一年，础石越来越少，淤泥变得越来越多，终于有一天，这一担础石全都变成了泥浆。齐白石也明白了老篆刻家所说的成功之道。成功不能一蹴而就，只有保持平和的心态，耐心地付出，才能一步步走向成功。

　　成功是急不出来的，急功近利，忽略客观规律，只能让人误入歧途。俗话说："欲速则不达。"只有遵循成功的客观规律，才能一步步走向成功。而心急行事是不符合客观规律的。

　　合抱之木，生于毫末；九层之台，起于垒土；千里之行，始于足下。事物达到巅峰需要一定的过程，而这个过程中最重要的就要属耐心了。有了耐心，毫末才能变成合抱之木，垒土变成九层之台，一步一步走才能行千里。因而，只有学会耐心，一点点坚持下去，而这一点点在耐心的辅助下，慢慢地汇集成成功的海洋。

　　以前有个小男孩很喜欢生物，他很想知道蛹是如何变成蝴蝶的。那时，小男孩已经见过很多种类的蝴蝶，但蛹却并不常见。有一天，他从草丛中发现了蛹，然后带回家放进瓶子里，日日观察，希望可以看到破蛹成蝶的那一刻。

　　几天后，蛹的表面出现了一条裂痕。小男孩很激动，他知道这是蝴蝶要破蛹而出了，然而这个过程是漫长的，几个小时过去了，蝴蝶仍然没能破蛹而出，小男孩有些按捺不住了，于是，他做了一件让他终生都为之后悔的事情。小男孩拿来剪刀，将蛹壳剪开，蝴蝶瞬间就从蛹里出来了，然而由于缺乏破茧的磨炼，蝴蝶的翅膀力量显得过于薄弱，无法飞起来，蝴蝶很快便死去了。

　　小男孩感到非常懊悔，不过他也从蝴蝶破茧而出的过程中得出了一个道理：心急是吃不了热豆腐的，成功需要忍耐。

　　成功就像是破茧成蝶，这个过程虽然很痛苦，然而只有耐心去经历这个过程，才能成为美丽的蝴蝶。因而成功是个循序渐进的过程，没有谁能够一口就吃成个胖子，也没有人能够在成功上一蹴而就。那些"一夜成名"的人物，看起来成功非常快，然而在这之前，他们也曾经为了成功而耐心地接受过程的磨炼。

　　因而，在做人做事时，怎能只着眼于结果而忽略过程呢，相反，无论成功何时到达，在那之前，始终保持如一地努力，坚实地走好每一步，那么成功这条道路就会坚如磐石，无可撼动。

南辕北辙，速度再快也没有用

方向反了，跑得再快有什么用？没有了方向，速度就失去了意义，方向永远比速度更重要。

在一望无际的大海中，如果没有灯塔的指导，最熟练的船长也会在大海中迷失方向。同样在人生道路上，如果没有弄清方向而盲目追求速度，很有可能就会南辕北辙，那么，即使在道路上走得再快，又有什么意义呢？只不过会离成功越来越远。就像是旅行，本来打算去南方看一看江南，结果走错了方向，去了北方。那么，这次旅行就只能以失败而终。

方向是我们成功的导向，有了方向，才能让所有的行动都保持同样的节奏，同样的步伐。做事效率高的人，并不是因为他们的工作能力超出常人，而是因为他们选了正确的方向，如果方向错误，做事效率绝不会高的。因而，不要先着急于做事，而是先抬头看路，找到正确的方向。否则，方向错误，只能是徒劳做些无用功。

18 世纪的时候，英国探险家弗林达和法国探险家拿破仑同时发现了一块"新大陆"，这块大陆就是后来的澳大利亚。为了能够抢先得到这块宝地，弗林达和拿破仑在海上展开了一场长途赛跑。结果，拿破仑先到达了澳大利亚的维多利亚。随后几天，英国人还没有到达，拿破仑觉着这个地方属于他了，因而放松了警惕。

在休息时，拿破仑发现当地有种美丽的蝴蝶，为了追逐这只蝴蝶，拿破仑和他的探险队深入澳大利亚腹地。这时，弗林达到达了维多利亚，看到了法国人的船只和营地，觉着法国人占领了维多利亚很是失望。然而，弗林达发现附近并没有法国人，于是下令安营扎寨。

法国人追到了蝴蝶，但等他们回来时却发现维多利亚已经成为英国人的战利品，这个地方刚才还是属于他们的。望着手中的蝴蝶，拿破仑感到无尽悔恨。两国船队的目标都是维多利亚，法国人虽然先到达了维多利亚，却因为看到一只美丽的蝴蝶就选择追逐，而忘记了自己的目的，走错了方向，最终功亏一篑。

在行动时始终要记得方向，不然就像故事中的拿破仑一样，最终失去了占领维多利亚的机遇。而弗林达速度虽然慢，却始终保持着正确的方向，最后也终于得偿所愿。

因而，在速度面前，方向是最重要的，如果方向错误，那么速度再快，也只能错上加错，离目标越来越远。所以在平时中，我们都必须注意方向的问题，如果方向正确，那么我们做事就能够事半功倍。

在做事时，不要一味求快而忽略了其他因素，尤其是对方向的选择上，在全力以赴之前，一定要先选择正确的方向，这样才不会南辕北辙，无功而返。在任何时刻都要记得，方向比速度更重要。

利用优势，做最擅长的事

每个人身上都蕴藏着一份特殊的才能。那份才能犹如一位熟睡的巨人，等待着我们去唤醒他。

要想获得成功，就不要盲目行动，而是懂得充分利用和发挥自己的资源、能力优势，做最擅长的事。每个人都有短处和长处，只有懂得激发潜能，懂得利用优势，这样自身的能力就能得到充分的发挥，行动起来就会达到事半功倍的效果。

如果遨游天空，即使陆上的狮子比鸟儿更健壮，结果仍是鸟儿更加胜任；如果在海中游泳，那么还有什么比鱼更擅长遨游江海呢。因此，世间万物都有着自己的位置，有着自己的优势，在行动中懂得发挥优势，做最擅长的事将会成为获取成功的重要利器。

比尔·盖茨说过，成功就是做自己最擅长的事。懂得利用自身长处和强项去参与新时代的竞争，这些优势将会帮助你形成自身的竞争力，助你走向出人头地的道路。所以，在你行动之前，要好好考虑下自身的长处所在，要做自己最擅长的事情。

奥托·瓦拉赫是诺贝尔化学奖获得者。奥托正是凭借自身在化学上的优势，做自己最擅长的事情才取得了这样的成就。

在中学时，奥托的父母为他选择的是一条文学之路。他们希望自己的孩子能够在文学上有所成就。然而，让人失望的是，奥托的学习成绩并不好，奥托的老师也不认为他能够在文学上获取成就，老师说："奥托很用功，但十分拘束，不懂得变通，这样的人很难在文学上取得较大的成就。"

奥托的父母退让一步，让他学画画。然而奥托既不善于构图，又不会润色，对艺术的敏感度也不够，一个学期下来，奥托的父母便对奥托所选择的从画道路失去了信心。父母不知道奥托究竟适合学什么？这时，奥托的化学老师认为奥托在做事上一丝不苟，有耐心，不焦虑，细心等特点，正是做好化学实验应该有的素质。于是，化学老师建议奥托学习化学。

这下，奥托找到了自己的优势，在化学上的天赋彰显无遗，奥托也就成为化学方面的高才生，在屡次考试中名列前茅，奥托懂得利用自身在化学上的优势，然后不断地深入研究，最终在化学上获得了常人难以取得的成就。

从奥托的成才之路可以看出：一个人懂得利用自身优势，做最擅长的事情对一个人能否成才有着极其重要的作用。要知道，每个人的长处和短处都是不均衡的，都有着自己的特点，人一旦找到自己的长处，充分发挥这种优势，便能够获得较大的成就。

成功的秘诀就在于经营自己的长处，有了长处就能形成优势，这样行动起来就会事半功倍。在那些功成名就的人物身上，你会发现他们的智商、情商各不相同，但是他们有一个相同的特点，那就是懂得发挥自身的优势，做最擅长的事情。

因此，在行动之前，要学会审视自身的优势，做最擅长的事，这样就会形成自己的竞争力。而在当今社会中，竞争力无疑是能否获取成功的关键因素。

大文学家马克·吐温曾经有一段经商经历，然而在文学上得天独厚的他在生意上却一塌糊涂，几乎做什么生意赔什么，最终赔光自己的稿费，还欠了一笔债。马克·吐温的妻子意识到自己的丈夫在经商上没有优势，因而她劝导马克·吐温利用自己在文学上的优势，多写一些优秀的作品。马克·吐温听从妻子的意见，最终成为一名大文豪。

找到自身的优势并发挥出来，那么行动就会事半功倍，相反，如果让一个在物理研究上有天赋、有优势的人去做化学研究，那么他就无法发挥自己独特的优势，最终也难以获得较高的成就。

在飞速发展的时代，形成自己的竞争力是成功的有力保障。而竞争力的形成就在于发挥自身的优势，做最擅长的事情。聪明者懂得绕开自身的短处，经营长处，把精力放在自己最擅长的事情上面，那么就能够在人生道路上领先众人。

人生苦短，把时间和精力浪费在自己不具优势、不擅长的事情上无异于在泥沼中跋涉，只能举步维艰，与成功无缘。因而懂得发挥自己优势，做最擅长的事情才是实现自我价值和社会价值的最佳之道。

量力而为，不开空头支票

自不量力，乱夸海口，就是自己给自己出难题。最终完不成害了别人，也害了自己。

在行动之前，应该考虑到自身的能力，考虑客观条件是否乐观，如果觉得没有能力办到，那么就要学会拒绝。拒绝并不丢人，相反，如果明明没有能力去完成而接受了任务，那么最终的结果也只能是自讨苦吃，更加难堪罢了。这也就是俗话所说，没有金刚钻，别揽瓷器活。

每个人的能力都是有限的，有些事情你可以轻而易举地做到，有些事情即使拿出吃奶的劲仍然无法完成。每个人在能力上都有盲点，虽说能力是有弹性的，可以通过学习和实践而获得，但也要考虑到客观情况，做出理性分析，然后再做出决定。

不要在没有把握的情况下去接受一些"瓷器活"，不然白白浪费精力和时间，却得不到应有的结果。如在上司交代任务时，即使有些任务在你能力之外，而往往又不好意思拒绝，因此在接受任务时，你就要想到如何去承担任务失败的后果。完成不了任务，上司责备，你也不会高兴。这就是接受不在自身能力之内的任务的后果，换句话说就是自讨苦吃嘛。

所以在做事时，要具体问题具体分析，认真衡量自己的能力和任务的要求能否达到平衡，千万不要过于自信，盲目乐观，不然最后事情无法完成又得罪人，得不偿失。

　　王教授是国内某大学的知名教授，退休已经两年了，但这并不妨碍王教授教书育人的心。他想发挥余热为社会做更多的事情，因此，他兼职成为一家事务所的经理。王教授对自己的能力毫不怀疑，在学校时，王教授的渊博知识、儒雅气质就让自己的学生为之倾倒。他相信在事务所一样能够做得更好。

　　一家小杂志社的主编打算搞一项文化活动，用来扩大杂志的知名度同时募集些资金，于是来事务所咨询看看如何操作。可以说，这是王教授退休后接的第一个活，虽然事情有些难度，不在自己的掌握之内，但多年形成的自信让他决定接受这个任务。于是，王教授对主编说："这确实是个好想法，我愿意帮助你。在我的学生中有不少已经是企业的领导，让他们做点赞助什么的，应该没有问题。"主编高兴而回。

　　为了让主编对自己有信心，王教授每隔一段时间就给主编打电话，说些"赞助费弄到了一些，我那些学生很热情，一听说都争抢着做赞助"之类的话。主编放下心中的疑问，专心做计划。利用自己做杂志所积累的人脉，使这次活动让尽可能多的人知道，同时也请一些名人雅士来捧场。3个星期后，主编的各种准备都做好了，只等赞助款一到立即启动。

　　然而，赞助款始终没有打来，王教授似乎也销声匿迹了。主编开始有点着急了，赞助款不到活动无法举行，而杂志已经把风声放出去了，如果活动有意外，杂志的声誉也会受到影响。主编给王教授打电话，不是没人接听，就是人不在。

　　半个月后，主编接到了王教授的电话。王教授说："对不起，我那些学生嫌你杂志太小，没什么名气，不愿意赞助……"

　　王教授话没说完，主编就有些愤怒地说："杂志要有名气还用得着举办活动，你不是跟我打包票，说一定能拉到赞助吗？"

　　活动最终无法按时举行。杂志受影响自不必说，王教授自己也遭人非议："还知名大学教授呢，就是一个骗子，把杂志社害得不浅。"王教授的朋友说起此事，王教授还有些怒气："为了拉赞助，我不知费了多少口舌，跑了多少路，找了多少学生，可以说是豁出了脸面，可是谁知道那些学生要么说杂志名气太小，没有必要赞助，要么说自己无法做决定，只能找领导，后来干脆打电话告诉我，领导不同意。这下好了，我明明为这件事花了不少精力和时间，杂志社却把过失全推给了我。"朋友听了只有叹气。

客观说来，王教授不能说是个骗子，不管怎样他的初衷是好的，自己也付出了不少努力，然而他却过高相信自己的能力，乱夸海口，最终坑了别人也害了自己。他哪里知道，现在的企业也度日艰难，让他们从腰包里往外掏钱又谈何容易？他的学生之所以对他满口答应，有的是一时冲动没有多想，有的就是不好意思驳老师面子而说的客套话!

自不量力，乱夸海口，就是自己给自己出难题。要知道没有金刚钻，不揽瓷器活并不能影响你什么，否则只会让你步入困境，举步维艰，最终失信于人，害了别人也害了自己。

理智行动，冷静做事

理智的人在危险面前能保持头脑清醒，因此能临危不惧，化险为夷。

在行动中保持理智是十分重要的。理智的人在面对困境时才能保持头脑的清醒，冷静做事，最终摆脱困境。而不理智的人，则会头脑混乱，无法解决困难，走出困境。

所谓理智，就是懂得明辨是非、懂得事情轻重急缓，在这种情绪的引导下的行动也具有理智性、计划性。保持理智是一种能力，在遇到困难时，这种能力便会变成一种正面能量。可以说任何行动的成功都离不开理智的思考。在行动之前进行分析、选择、判断，就能够找到正确解决问题的方式，成功就有了基本保障。理智行动，冷静做事是成功必需的要素。

美国有一位驾驶员，在接受节目采访时，讲述了他长达 30 年飞行史中最危险、最具传奇色彩的一段经历。

第二次世界大战期间的一天，他接到了飞行任务，从航空母舰起飞来到了东京湾。按照以往的经验，飞行员开始做俯冲，然后轰炸，目标击中，任务完成，返航。然而当他在俯冲时，飞机的左翼却突然被流弹击中，飞机开始变得不稳定，极难操纵。人在飞机中是很容易失去平衡感的，飞机中弹后，飞行员要在瞬间判断飞机的受损情况，只有了解客观实际，才能做出下一步的行动。而这时考验飞行员的就不仅仅是驾驶技术，还包括理智。在生死攸关的时刻，人是很难保持理智的。

他深吸了一口气，然后冷静下来。他开始理智思考，很快他便发现飞机翻过来了，于是，他快速地推动操纵杆，把位置调整了过来。事后，他说："可以说，在那一瞬间是理智救了我，只有保持理智的思考，才会有理智的行动，而理智的行动就是成功的必要条件。我想说，我做到了。"

在突发事件中，飞行员保持了理智的思考，冷静做事，最终解决了危机，拯救了自己。由此可知，在行动中保持理智是多么重要的一件事。事实上，每个人在生活中或多或少会遇到困难，这时就要保持理智，采取理智的行动，这样才能帮助自己从困境中走出来。

在面对复杂的现状时，如果不能保持理智，那么就很难做出正确的判断，也就难以展开理智行动，从而导致错失挽救的良机，最终事情一塌糊涂。

理智的人懂得尊重客观规律，在任何情况下都能够保持清醒的头脑，做出客观的分析、判断和决定，并能冷静行事，最后取得成功。因此，培养在困难面前保持理智的能力，将会是你在遇到困境时解除危机，挽救自己的有力武器。

人力有限，有些事不可强求

一个人应该了解自身的能力，对自己有着清晰的认识，不保守、不冒进，凡事量力而为，如若不然就会陷入困境之中。

儒家学说讲究中庸之道，也就是凡事量力而行，不勉强自己。然而在生活中有不少人还做不到这一点。很多人在面对事情时往往是不达目的不罢休，即使明知会遭遇挫折。因而，懂得量力而行，并且做到量力而行就变得难能可贵。

喜马拉雅山是世界上最高峰，所有登山爱好者都以登上喜马拉雅山峰而自豪，在这种思想的指导下，每个攀登喜马拉雅山的人都想竭尽全力登上山顶，然而有一位登山者到了 8000 多米的地方却停了下来。后来有人问他，离山顶不远了，再坚持一下马上就到山顶了，为什么要放弃呢？这位登山者说："我已经尽了最大的努力了，不是我不想攀登山顶，而是因为我知道我的极限就是 8000 米，再往上就是不自量力了。"

攀登高峰本来就不是件容易的事情，历尽千辛眼看就到达山顶了，却选择放弃，这种魄力不是任何人都具备的。很多人到了这个地步，即使觉得超出自己能力之外了，仍然不甘心放弃，他们会继续攀登。他们没有想到：每个人自身能力都有限，超出极限，不量力而行，就有可能招来无妄之灾。攀登珠峰是一件很伟大的事情，但与生命比起来，攀登珠峰的荣耀并不算什么。

　　智者都是懂得量力而行的人，做自己有把握做的事，做在自身能力范围之内的事，这样就会把万千困难斩于马下。量力而行，正确认识自身的优势和劣势，而不盲目追求成果，根据自身的实际情况作出合理的选择，从而采取合适的行动。

　　圣严法师说："凡事要量力而行，别勉强自己，修炼道法不是一天两天能够见到成效的。"言外之意就是人要懂得自身的能力大小，做事情量力而行，只有做自己能力范围之内的事情才会充分发挥自身的能力，激发自身的潜能，否则就是打肿脸充胖子，里外不讨好。

　　有一位得道高僧要隐居山林，消息传来，人们都千里迢迢去找他，希望能够得到他的指导。人们到达高僧所在的寺庙时，发现高僧正在做功课——挑水。高僧挑水和其他人不一样，他两只水桶都没有装满水，来人想也许大师力气不够大，少挑点也是应该的。这时，大师前面一个挑满水的僧人突然摔倒了，水桶跌落在地，水全洒了，僧人的膝盖也受了点伤。高僧走过去，扶起他说："挑水之道并不是挑得越多越好，一味贪多，超出自身能力之外就会适得其反。"

　　众人不解，他们觉得挑水当然是挑得越多越好了。高僧说："像刚才那样，挑得虽多，却全都洒了，只能重来。所以，我才说挑水不是挑得越多越好。"

　　有人问："那么，挑多少水才是合适的呢？"高僧拿起水桶："你们看，这里面有一条线，这条线就是底线。水不能高于这条线，高了就超出自身能力之外，所以挑水和做事一样都要学会量力而行。"

　　有人问："那么，如何确定自己的底线呢？"高僧说："人们了解自己总是有个循序渐进的过程，一开始挑得少，慢慢地增加，直到感觉无法承受时，这就是底线。以后再挑水就会明白挑多少了。"众人豁然顿悟。

　　挑水和做事一样，如果不量力而行，就会让自己备受打击，陷入举步维艰的困境。因此懂得量力而行，才能避免更多的挫折。每个人的能力都有局限性，好高骛远，急功近利，结果往往是事与愿违。当然，能力并不是一成不变的，也可以通过学习来获得，但仍要懂得循序渐进、量力而行。

很多人都希望自己能够成为不平凡的人，因此常常会有人不顾自身能力，去追逐名利、地位、财富等，最后却一败涂地。因此，不要总是不切实际，觉得自己能够创造奇迹。当失败时，却把失败的原因归咎在命运不济，却不知是自身不自量力造成的。

所以，不要患不知人，相反要患不知己。只有知己，才能知道自身的能力所在，量力而行，才会避免无谓的挫折，从而缩短获取成功的时间。

多方面收集信息，做好规划再起步

古语有云："凡事预则立，不预则废。"这是告诉我们，做什么事情都要有计划，没有计划的工作好比一团乱麻，摸不着头绪。

古语有云："凡事预则立，不预则废。"做事时应先多方面收集信息，做出规划，然后再采取行动，事情的成功率便会大大增加。相反，做事全凭自身的感觉，没有收集信息，没有规划，只能让事情变成一团乱麻。

《孙子兵法》上这样写道："不知彼而知己，一胜一负；不知彼，不知己，每战必败。"意思就是做事要有准备，要多收集信息，有了足够的信息才能做好规划，有了规划才能指导行动，而行动是成功的必要保证。所以，做好规划是十分必要的。

公元前 415 年，雅典人准备攻击西西里岛，因为西西里岛的资源比较丰富，有了资源，雅典能够进一步壮大。那时，雅典虽然很强大，但西西里岛也并不弱小，然而天生骄傲的雅典人认为西西里岛不过是只纸老虎。于是，雅典人没有事先收集关于西西里岛的信息，也没有做出可行的规划便发动了战争。让雅典人意外的是，西西里岛并没有想象中那般好攻取，西西里岛确实不如雅典强大，但西西里人顽强的精神凝聚成了一股力量，让雅典人疲于应付，战争双方很快进入了僵持阶段。然而没过多少时间，西西里人联合所有抵抗雅典的人发起了攻击，雅典人被迫防守，而雅典人的战线过长，一时无法全部退出战线，被西西里人逐一攻破，雅典就这样覆亡了。

雅典人没有多收集信息，没有做出规划，便理所当然地认为西西里人不堪一击，结果引来了灭顶之灾。如果雅典人在战争之前，多收集信息，做出合理的规划，那么战争的胜利一方必然属于雅典人。所以，行动时不要想当然，而要做出详细的规划，毕竟有了规划，行动才有成功的保证，否则想当然只会把自己拖入困境。

没有调查，就没有发言权。同样，没有收集信息，没有做好规划，就没有行动的保障。只有做好事前的准备工作，客观地认清自己所处的环境，做好详细的规划，这样才能采取行动，成功才有保障。反之，只能自食苦果。因此，做事要一步一个脚印，不要急于求成，更不要盲目，要做出详细的规划，唯有如此，才能享受到成功的快乐。

1989 年，罕见的冰雹笼罩了整个泸州市，罗代榕所在的单位也因为冰雹而陷入了瘫痪中。罗代榕也因此回家待业。这一年罗代榕 32 岁，有一个刚满 1 岁的女儿。

为了让生活变得好点，罗代榕只好四处打工。当过搬运工、卖过茶，总之为了挣钱，罗代榕什么都肯做。慢慢地，罗代榕意识到这种打工的方法是不能挣到钱的，因此，她决定自己干点事业。说做就做，罗代榕借来了一笔钱，再加上朋友的投资，在街道上开了一家加油站。然而加油站的生意很萧条，一年下来，投的钱几乎全搭进去了，这时罗代榕的朋友又选择了撤资，罗代榕又陷入了困境中。

为了解决危机，罗代榕四处考察，收集信息，渐渐找出了解决的办法。罗代榕用借来的钱做抵押，租赁当地农行5辆夏利车，成立了出租汽车公司。由于收集信息详细，市场分析正确，做出的规划很合理，一年下来，出租汽车公司实现了盈利。罗代榕很高兴，她觉得自己找到了成功的道路。罗代榕再次收集关于市场的信息，并作出了详细的规划。在一次拍卖会上，罗代榕拍下了20多辆出租车的经营权，公司规模也因此扩大，盈利越来越多。罗代榕的规划也越来越多，接下来几年收购了汽车修理厂、开设了汽车配件销售，完成了从运输、加油、维修、配件的创业规划。公司的发展逐渐壮大，不久后，罗代榕以3000万的资金收购了四川煤化股份有限公司。第二年，罗代榕的金梦煤化集团成立，成为四川知名的企业。这时的罗代榕早已是千万富翁，她的创业故事也开始流传在泸州等地区。

做任何事情都要建立在规划上，要多收集各方面的信息，这样才能在现实情况中指导自己的行为，而保证行动不受到其他客观情况的影响。如罗代榕开加油站时，朋友都撤资了，罗代榕却还在坚持，因为她有着自己的规划。有了规划就能避免被客观环境影响，就能做出正确的决定，就有了成功的自信。许多创业者功亏一篑就是因为对创业没有规划，在遇到情况时就会两眼一抹黑，这样行动就会失去了方向，失败在所难免。

当然，规划并不是万能的，未来也有着各种不确定的因素，因此在规划确定的同时，仍要不断地收集各方面的信息，不断补充和完善规划，从而在未来风云突变的环境中应付自如。确定规划时一定要有明确的目标，要周密，合理，这样行动起来才会收到理想的结果。

要解决问题先找准问题

只有找到症结所在，才能对症下药，才能药到病除。解决问题也是如此。

遇到问题，就要解决问题，然而这时很多人常常还没有弄清真正的问题是什么，就盲目去行动。这种行动也许会解决部分困难，却不能真正解决根本问题。俗话说，差之毫厘，失之千里，盲目地去解决问题，不过是头痛医头，脚痛医脚，只能治标不治本，自然也就无法解决根本问题。要想解决问题就要找到问题根本所在，然后有的放矢彻底解决。

找准问题的症结所在，只是解决问题的第一步，还要进行分析、研究、找出解决问题的关键点和难点在哪里，只有找到问题的关键点，那么才能对症下药，药到病除。

在美国有一家公司的发动机出现了问题，公司维修人员加班一星期也没有找到解决办法，公司只好请来很多专家，但最后问题还是没有得以解决。专家说，只有更换发动机了。而在那时发动机的价格很昂贵，不是不得已，公司不想再多花这份钱。这时，有一个工人说，他能够解决这个问题。专家们更是毫不掩饰嘲笑声：专家都无法解决的问题，你一个小小的工人大言不惭说能解决？

半小时后，工人解决了发动机的故障。发动机正常运转起来。专家们不解，难道这个工人的水平比他们还高。工人微笑着："发动机没什么大故障，只是线头接触不良。我把线路重新排查了一下就解决了。"专家们面面相觑，鸦雀无声。

他们没有想到发动机并没有遇到什么大问题，而只是简单的线路问题。而一开始，他们以为发动机内部出现了问题，却并没有想到线路问题上。

工人之所以能够解决问题，并不是他的水平比专家高，而是因为他抓准了问题的根源所在；而专家们水平很高，却没有找准问题的根本，结果只能是徒劳无功。因此，在遇到问题时不要急于解决问题，要先找准问题的症结所在，这样才能一劳永逸地从根源解决问题。

多年前，美国华盛顿的杰斐逊纪念堂遇到了一个难题——石头腐蚀。纪念堂游客很多，看到这种场景，游客们纷纷抱怨。石头腐蚀的问题让纪念堂维护人员很头疼，他们用了很多方法都没起到作用，看起来，只好更换石头了，但是更换石头所需的费用很高。

此事引起了一个管理人员的深思：石头腐蚀的原因就在于维护人员常常清洁石头；由于鸽子在石头上留下太多粪便，维护人员才清洁，那么，鸽子为什么来这里呢？自然不是因为这里环境好。那么是？经过观察，管理员找到了原因，原来这里蜘蛛很多，而蜘蛛正好供鸽子觅食。那么，这里为什么这么多蜘蛛呢？蜘蛛最喜欢吃的是飞蛾。飞蛾，很容易受灯光吸引。灯光，管理员抬头看看四周的灯，笑了。他找到问题的症结所在了，飞蛾正是被纪念堂的灯光所吸引来的，而蜘蛛被飞蛾吸引，鸽子被蜘蛛吸引来。鸽子多了，粪便就多了，维护人员清理次数就多了，石头就腐蚀了。

管理人员推迟了开灯时间，这样，没有灯光飞蛾就少了，也就解决了问题。纪念堂里游客又渐渐多了起来。

通过层层深挖，层层分析，这位管理人员终于找到了石头腐蚀问题的症结所在，仅仅通过延迟开灯时间就使问题迎刃而解。如果管理员没有抓准问题所在，而是通过更换石头这种治标不治本的方式解决，并且每隔一段时间就要更换一批石头，费时费钱费力，这种循环往复估计纪念堂也吃不消。而延迟开灯时间并且不用花费，是多么完美的解决方式，行动之前先找准问题的根本所在是多么重要。

遇到问题时不要被问题的表面所迷惑，要学会客观深入分析、思考，找出问题真正的根本所在。就像故事中的管理员这般，遇到问题不是想着第一时间去盲目动手解决，而要善于分析问题，像剥洋葱般层层深入，逐渐接近并找到问题根本所在。只有正确认识了问题根本所在，也就能够"对症下药"，自然就会解决问题了。

在生活中也是这样，遇到问题时不要急于动手，要善于透过问题的表面看到问题的本质，这也是做事能够成功的必要条件，也是成功人士必备的素质。